이명원 가족의 28일간 유럽여행

이명원 곽현미 이영주 이동주 지음

이명원 가족의
28일간 유럽여행

이명원 곽현미 이영주 이동주 지음

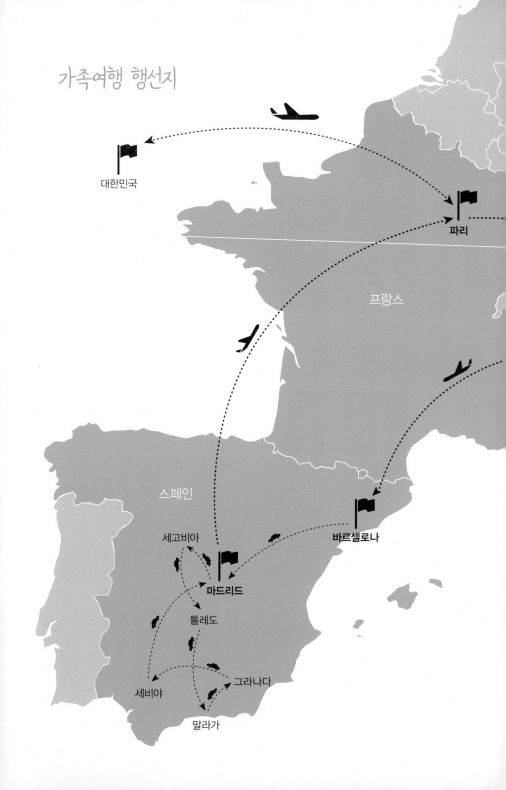

가족여행 행선지

대한민국

파리

프랑스

스페인

세고비아

마드리드

바르셀로나

톨레도

세비야

그라나다

말라가

팍스타운
베로나
밀라노
피사
피렌체
로마
이탈리아
그리스
델피
아테네

2016.
12.30.

2017.
01.26.

'만사폰통'의 세상,
가족여행을 꿈꾸는 가장들에게

큰맘 먹고 아이들 겨울방학 동안 가족과 유럽 여행을 가기로 했다. 여행사가 제공하는 패키지 여행상품은 일정이 빡빡해서 여행하는 즐거움을 느낄 틈이 없어 늘 아쉬움이 컸다.

요즘은 스마트폰 앱을 통해 숙박과 항공권을 검색해서 싸고 좋은 조건으로 예약할 수도 있어 자유롭게 여행일정을 짤 수 있다. 내비게이션이 없어도 구글맵만 있으면 가고 싶은 곳은 어디든지 찾아갈 수 있고, 통역 앱을 쓰면 즉석에서 외국인과 얼마든지 대화할 수 있기 때문에 외국어를 전혀 할 수 없는 사람도 걱정할 필요가 없다.

또한, 유럽에서는 3유심 칩을 사서 장착하면 3G라서 속도는 조금 느리지만, 유럽 어디를 가더라도 요금 부담 없이 데이터를 무제한 쓸 수 있다. 스마트폰만 있으면 가히 못 할 것이 없는 '만사폰통'의 세상인 셈이다.

처음에는 좌충우돌 유럽여행에 관한 에세이 형식의 책을 쓰려고 했지만, 스마트폰을 이용해서 교통편과 숙소를 직접 예약하고 구글맵으로 목적지를 찾아다니는 경험을 하면서 스마트폰이 있는 사람이라면 누구나 해외 자유여행을 쉽게 준비할 수 있다는 것을 알려주고 싶은 생각이 들었다.

특히 우리 세대보다 여행 경험이 많은 젊은이들은 스마트폰을 활용한 자유여행이 익숙하겠지만, 나와 같은 중년 아저씨들은 그렇지 않다. 이 책이 해외에서 가족들과 자유여행을 경험해보고 싶지만 쉽게 결심하지 못하는 중년의 아버지들에게 조금이나마 도움이 되었으면 한다.

여행 순서는 파리를 시작으로 그다음 그리스 로마 신화를 따라 그리스의 아테네, 이탈리아의 로마, 피렌체, 피사, 밀라노 순서로 둘러보았다. 스페인은 마지막으로 들렀다. 프랑스와 이탈리아는 가이드를 따라 가본 적이 있지만, 그리스와 스페인은 처음이었다. 처음 가는 그리스와 스페인에서 가장 오래 머물렀다. 파리와 이탈리아는 지난번에 다녀온 패키지 여행코스를 따라가기로 했고, 그리스는 아테네를 중심으로 신전을 구경하고, 스페인은 바르셀로나와 마드리드를 중심으로 일정을 짰다.

4인 가족을 기준으로 했을 때, 체류 기간이 길면 유레일패스 Eurailpass를 이용하는 것보다 차를 이용하는 것이 무거운 짐을 들고 다니지 않아 편할 뿐 아니라 비용도 훨씬 저렴하다. 차는 렌터카보다 리스가 훨씬 저렴한데, 새 차를 리스해주는 푸조Peugeot를 리스해서 다니려고 견적서를 받아보기도 했다. 그러나 아내와 교대로 운전을 한다고 해도 운전에 얽매이게 되어 너무 피곤한 여행이 될 것 같았다. 그래서 국가 간 이동은 비행기, 파리 시내와 로마 시내는 투어버스와 지하철을 이용하고, 그 외 일정은 렌터카를 이용하기로 했다.

그러나 계획은 항상 계획일 뿐이었다. 연말연시 축제 중인 파리에서 처음부터 무리했는지 아내가 걷기 힘들 정도로 발이 아파서 결국 파리를 제외하고는 렌터카를 타고 다녔다. 하지만 당시 유럽의 겨울 날씨가 추워서 렌트하기를 잘했다는 생각이 든다. 다행스럽게도 시티투어버스는 파리만 예약했기에 다른 곳에서 예약취소로 인한 비용은 따로 들지 않았다.

외국 여행은 비용이 많이 들기 때문에 누구나 생각은 하면서도 실천에 옮기기가 쉽지 않다. 여행자금을 조금씩 적립했던 것이 출발할 때가 되니 생각보다 큰 도움이 되었다.

우리 아이들이 이번 여행을 통해 지도상으로만 알았던 도시를 직접 다녀보고, 그곳에 사는 사람들이 얼마나 치열하게 살고 있는지, 그들의 삶을 느낄 수 있었기를 바란다. 그리고 그들의 문화와 역사가 우리와 비슷하면서도 다르다는 것을 이해하는 글로벌한 시각을 가질 수 있기를 기대해 본다.

이 책을 펴내면서 함께 여행했던 우리 가족에게 먼저 고마움을 전하고 싶다. 우리 가족이 아니었다면 대장정을 성공적으로 끝내지 못했을 것이다. 이 책 곳곳에는 우리 가족이 함께하기 위해 노력한 각자의 역할이 녹아있다. 1인칭 시점으로 서술하기는 했지만 가족들이 여행에서 느낀 점과 감상을 최대한 담으려고 노력했다.

　여행 기간 내내 우리 가족이 무사히 돌아오도록 기도해주신 어머님께 감사드리고, 하늘에 계신 아버지께 감사드린다. 살면서 가장 필요할 때 가장 많은 도움을 준 형님과 큰누님, 작은 누님께도 지면을 빌려 감사의 인사를 표한다.

　여행을 떠나기 전에 집에서 키우던 애완견 풍이를 흔쾌히 맡아 키워주신 행운농원 김창수 형님께 깊은 감사를 전한다. 짐이 많아서 공항까지 택시 한 대에 탈 수 없고, 그렇다고 택시 두 대에 나눠 타고 가다가 돌발 상황이 발생하면 대처하기도 어렵다고 고민을 이야기했더니 동료 김삼수 의원이 집과 공항을 오갈 때 교통편을 흔쾌히 제공해주었다. 이에 고마운 마음을 전한다.

　가족이라는 한 울타리 속에서 함께 살아가는 것으로 생각해왔다. 그러나 채 한 달도 되지 않는 짧은 기간이었지만 종일 얼굴을 맞대고 시간을 보낸 것이 처음이었다는 사실을 깨닫게 되면서, 가족에 관해 다시 생각해 보게 되었다. 우리 가족이 서로 더 사랑할 수 있는 계기가 되었기를 소망한다.

"모두 고맙습니다."

목차

여행자들을 소개합니다

| 금성팀 |

좌충우돌 여행자들을 품어주는 엄마 곽현미

현재 초등학교 교사. 대학에서 발레를 전공했고, 20대에는 토슈즈를 신고 예술의 전당에 섰던 발레리나. 베르사유 궁전은 영화 〈왕의 춤〉에서 춤을 통해 왕의 권위와 위엄을 드러내던 태양왕 루이 14세의 모습을 볼 수 있어 좋았고, 돈키호테의 도시 톨레도에서는 발레 작품 〈돈키호테〉로 큰 상을 받았던 잘나가던 젊은 시절을 떠올리며 전율해 보기도 함. 여행 중에는 운전보조 역할과 남편에게 부족한 2% 보완 역할. 책에서는 글과 사진 담당.

주님이 주신 선물 one 이영주

2013년, 대학생 시절 이미 혼자 유럽여행을 다녀왔지만 가족여행에 따라오기 위해 갖은 아양과 애교 작전으로 두 번째 유럽여행에 성공. 여행 중 각종 티켓을 구매하고 리플릿과 영수증을 보관하는 금고, 여행이 길어질수록 늘어나는 짐을 메야 했던 포터, 목적지를 못 찾고 헤맬 때마다 길을 찾는 인간 내비게이션, 가능한 많은 인증 샷을 남기기 위해 노력한 가족 전담 파파라치 등 1인 5역을 완벽하게 해낸 재주꾼. 책에서는 글과 사진 담당.

일단 가고 보는 겁없는 가이드 이명원

나 자신이 누군지도 잘 모르는데 어느새 지천명 그룹의 일원이 되어버린 남자. 현재는 부산 해운대구 지방의원. 영어 의사소통에는 어려움이 없으니 현장에 가서 해결하자는 마음으로 온 가족과 캐리어 두 개를 밀고 유럽으로 출발. 가족들의 무한 신뢰는 한 달 동안 가이드 역할을 할 수 있었던 버팀목. 여행 중 식구들이 잠든 밤에는 다음 숙소 및 스케줄 예약, 낮에는 운전 담당. 책에서는 주님이 주신 선물 one이 써놓은 초고를 바탕으로 글 담당.

주님이 주신 선물 two 이동주

이명원 가족의 막내. 28일간의 긴 여정에서 가족들이 지칠 때면 에너지 UP 시켜주는 비타민 같은 존재, 여행하는 나라마다 스냅백을 사기 위해 눈에 불을 켜고 뛰어다닌 쇼핑 마왕, 유년시절부터 즐겨보던 책 덕분에 그리스 여행 동안 빛을 발한 그리스 로마 신화 얘기 보따리, 예술품을 감상하는 순간에는 눈빛이 돌변하는 성숙한 초딩, 한국에서는 먹고 싶은 대로 음식을 골라 먹다가 계속된 빵 테러에 홀쭉이가 될 뻔했지만 입맛에 딱 맞는 빠에야를 만나고 다시 원상복귀, 다리가 아프고 피곤해도 누나가 무거운 짐에 힘들어할 때면 고민 없이 달려와 짐꾼이 되는 누나의 우아한 슈퍼맨. 책에서는 누나와 팁 Tip 정리 담당.

여행 준비하기

| 여행 시기 결정 |

대체로 유럽의 겨울은 춥고 해가 빨리 진다는 단점이 있는데, 유럽 남부지방은 여름에는 너무 더워서 겨울 여행이 더 알맞다. 그리스 로마 신화의 본고장인 그리스와 로마에 가서 직접 눈으로 보고 느끼는 것이 이번 여행의 첫째 목적이고, 여기에 더해서 스페인에서 축구 관람을 하고 이탈리아와 파리를 둘러보는 것이 두 번째 목적이기 때문에 겨울 방학에 떠나기로 했다. 더구나 겨울의 유럽은 여행 비수기라 여행객이 북적대지 않아서 좋고, 유명 관광지에서 몇 시간씩 줄을 서서 기다릴 필요도 없으며, 숙소도 구하기 쉽다. 혹시 추울까 걱정이 되어 1인용 전기매트도 한 개 챙겼다. 영주는 그리스의 푸른 하늘과 따뜻한 날씨에 반해 성수기인 8~10월 사이에 꼭 다시 가고 싶어 한다.

| 자유여행을 택한 이유 |

패키지여행은 비용도 많이 들고 여행사 스케줄을 따라 다니다 보면 그 지역을 제대로 느낄 수 없어 자유여행을 가기로 했다. 물론 항공권이나 숙박, 식사 등 모든 것을 직접 처리해야 하는 어려움이 있지만, '여행은 목적지에 가는 것이 아니라 목적지를 향해 가는 과정'이라는 말처럼 가족여행은 여행의 과정을 즐기는 것이 더 의미 있다고 생각했다.

| 항공권 예약 |

막내의 여권이 만료되어 10월 14일 재발급 하고나서 항공권부터 예약했다. 몇 달 전에 미리 예약하면 저렴하게 표를 구할 수 있기 때문에 3개월 전에 모 여행사를 통해 프랑스 파리에서 인-아웃하는 항공권도 예약했다. 구정이 1월 말이라 귀국 날짜를 구정 이틀 전인 1월 26일로 먼저 정하고, 아내와 막내 동주의 겨울 방학에 맞춰 출국일을 12월 30일로 정했다.

| 여행 일정 짜기 |

항공권을 예매하고 나서부터 여행일정을 짜기 시작했다. 유럽여행 일정을 정하고 경비를 계산하는 일은 인터넷을 통해 별다른 어려움 없이 할 수 있었다. 그러나 가고 싶은 곳이 많아 출국을 불과 며칠 남겨 놓지 않은 시간까지도 그리스와 이탈리아, 프랑스, 스페인 4개국으로 확정하지 못했다. 현지에서 일정을 조정할 경우도 있을 것 같아서 전체 일정을 다 예약하지 않고 파리 숙소와 FC바르셀로나와 레알 마드리드 축구시합 두 개만 예약했다. 이동하는 데에 너무 많은 시간을 쓰지 않도록 주의해서 일정을 잡았다.

여행경비에서 가장 큰 비중을 차지하는 것은 항공료와 교통비, 숙박비, 식비인데, 우리는 파리 시내를 다닐 때를 제외하고는 렌터카를 이용하기로 했다.

그 이유는 우선 4인 가족이다 보니 유레일이나 비행기보다는 자동차를 이용하는 깃이 비용이 훨씬 적게 든다. 두 번째 이유는 무거운 짐을 들고 다닐 걱정이 없다. 차 트렁크에 넣고 다니면 파손이나 분실 위험도 없고 보관하기가 편하다. 이번에 빌린 아우디는 트렁크가 작아서 아이들이 탄 뒷자리에 짐을 싣기도 했다.

셋째, 열차 시간이나 일정에 구애받지 않고 느긋하게 다닐 수 있고, 멋진 곳을 찾으면 일정을 조절해가며 여행할 수 있기 때문이다. 실제로 이탈리아에서는 오랫동안 옆에서 고생한 아내에게 줄 가방을 사러 두 군데 몰에 갔었는데 마음에 드는 물건이 없어서 밀라노에서 국경을 넘어 스위스의 '팍스타운'으로 가서야 마음에 드는 물건을 산 적이 있었다. 유럽 여행을 갔다 오면서 아내에게 줄 선물을 사지 못해 하마터면 큰일(?) 날 뻔했는데, 일정에 없던 스위스까지 갔다 올 수 있어서 결과적으로 더 재미있었다. 이는 자동차 여행이 아니었다면 불가능한 일정이었다. 동주는 눈 덮인 스위스 풍경을 보고 '다음에는 스위스다.'라고 말할 정도였다.

넷째, 기동성이 생겨 현지 음식이 입에 맞지 않을 때 할인마트에서 식재료를 사서 아이들이 좋아하는 음식을 만들어 먹일 수도 있고, 식비도 줄이는 일거양득의 효과가 있다. 유럽여행을 하면서 매일 외식하는 비용이 만만찮기 때문에 차량용 컨버터와 전기냄비를 가지고 직접 조리해서 먹기도 했다. 라면은 조금 사 갔지만, 김치 같은 밑반찬은 무겁고 부피도 있어서 현지에서 사서 먹는 게 나았다.

다섯째, 중심지에서 약간 벗어난 곳에 있는 호텔은 저렴해서 숙박비를 아낄 수 있다. 렌터카만 있으면 전망 좋고 깔끔하면서 저렴한 호텔을 이용할 수 있다는 1석3조의 효과를 볼 수 있다.

여섯째, 낯선 외국에서 직접 운전해서 다니는 것도 흔치 않은 경험이다. 실제로 바르셀로나에서 마드리드로 갈 때는 600여 킬로미터를 아내와 교대로 운전하면서 스페인 고속도로를 탔는데, 아내는 그때의 짜릿한 기분은 이루 말할 수 없다고 한다.

마지막으로, 렌터카를 이용하면 평소에 타보지 못했던 외제차를 마음껏 탈 수 있다는 점을 들 수 있겠다. 외국에 나갔으니 어쨌든 모두 외제차니까 큰돈 들이지 않고 품위를 지킨다는 자신만의 상상에 빠져 즐거운 여행을 할 수 있었다. 더구나 파리에서 아내의 발에 무리가 가서 오랫동안 힘들어했는데, 렌터카를 쓰지 않았다면 계획했던 전체 스케줄을 소화하기 어려웠을지도 모른다.

※ 만일 유레일패스를 이용한다면

유럽 24개국의 국유철도를 정해진 기간 동안 횟수에 관계없이 무제한 이용가능하다. 셀렉트 패스와 원컨트리 패스는 사용이 불가능한 국가가 있으니 꼭 확인해보기.

〈종류〉

① **글로벌 패스** : 5개국 이상의 나라를 이동할 때, 15일, 21일, 1달. 2달, 3달 중 기간을 선택할 수 있다. 대략 305~1305유로. 우리가족 기준 1달 티켓은 940유로.

② **셀렉트 패스** : 2~4개국의 나라 이동이 가능한 패스. 2개월 동안 자신이 원하는 일수를 선택하면 되고, 사용하는 날이 많을수록 가격은 올라간다. 2개국 208~416유로, 3개국 257~456유로, 4개국 278~495유로.

③ **원컨트리 패스** : 1개국에서만 이동 가능한 패스이다. 약 130~296유로.

〈할인〉

· **유스할인** : 27세 이하의 성인을 대상으로 20% 할인된 가격으로 이용할 수 있다.

· **세이버 패스** : 2~5명이 항상 함께 탑승할 때 성인 요금에서 15% 할인된 가격으로 이용할 수 있다. 동반 어린이는 무료로 여행 가능하다.

· 만 4세 이하 어린이는 무료로 탑승 가능하지만 승객이 많을 경우, 부모의 무릎에 태우도록 요청하기도 한다.

〈예약〉

사전예약과 현지 기차역에서도 예약 가능하다. 현지 기차역에서 예약하는 경우 예약비만 내면 되지만 한국에서 미리 예약하고 티켓을 수령해서 가면 예약비 외에 추가 수수료가 부과된다. 하지만 초고속열차, 국제노선열차, 야간열차는 탑승객이 많으니 미리 예약하고 이동하는 것을 추천한다. 유레일 공식사이트보다 소셜, 여행사이트 등에서 할인하는 가격으로 예매하는 것을 추천한다.

〈좌석〉

① **코치형 좌석** : 1, 2등석 좌석으로 중앙통로 쪽으로 개방되어 있고, 양쪽에 2자리씩 배치되어 있다.

② **컴파트먼트 칸** : 1등석 객실은 최대 6명, 2등석 객실은 최대 8명이 이용 가능하다.

③ 예약할 때 창가, 통로, 연결좌석 또는 마주보는 좌석, 식당칸, 파노라마칸 좌석 등을 선택할 수 있다.

④ **슬리퍼** : 1~3개 정도의 침대가 갖춰져 있다.

⑤ **쿠셋** : 4인용, 6인용 객실이 있고, 시트와 담요, 베개를 깔고 누울 공간을 제공해주는 것이다. 1, 2등석 패스 소지자만 이용이 가능하다.

| 국제운전면허증 발급 |

파리 시내를 제외하고 렌트를 해서 다닐 계획이기 때문에 나와 아내는 국제운전면허증을 미리 발급받아 놓았다. 국제운전면허증은 사진 1장과 인지대를 준비해서 인근 경찰서에 가면 즉시 발급해준다.

여행 기간이 길수록 렌트보다는 리스가 더 저렴하기 때문에 푸조에서 리스견적서를 받아보기도 했지만, 리스는 여행하는 동안 차에 너무 매일 것 같아서 필요하면 그때그때 렌터카를 이용하기로 했다. 현지에서 바로 빌리는 것이 더 저렴하기 때문에 렌터카 예약은 하지 않았다.

| 할인혜택 찾기 |

박물관이나 미술관 등 입장료가 있는 곳에서 할인이 되는 국제학생증이나 국제교사증 등은 발급비용을 생각하면 현실적으로 큰 도움이 되지 않고, 파리패스가 훨씬 현실적이고 효율적이다.

| 환전 |

카드를 주로 쓰려고 환전은 적당한 만큼만 했다. 모두 유로화로만 환전했는데, 자주 거래하는 은행에서 환전수수료를 적게 내고 환전했다. 큰돈을 환전할 때에는 수수료를 많이 아낄 수 있다. 현지에서 무슨 일이 생길지 모르기 때문에 아이들에게도 비상금을 갖고 있게 했다. 더구나 영주가 티켓 구매를 도맡아서 했기 때문에 현금을 많이 갖고 있었다.
*2016년 12월 29일 기준 1유로는 1265.42원이었다.

| 여행자보험 |

여행자보험은 가입하지 않고 출발했다. 아내의 발에 문제가 생겼을 때 여행자보험에 가입하지 않은 것을 후회하기도 했다.

| 여행 중 입을 옷 준비 |

겨울이라 옷이 두꺼워 몇 벌 넣지도 않았는데 캐리어가 가득 찼다. 나는 필요하면 현지에서 살 요량으로 여벌을 갖고 가지 않았다.

| 비상약 준비 |

먹는 것에서 탈이 날 것을 걱정해서 배탈약, 소화제를 챙겼다.

| 통신수단 선택 |

3유심을 사용해서 추가 비용 없이 데이터를 무제한으로 쓸 수 있었다. 여행가기 전 국내에서 미리 구매했다. 데이터를 쓸 수 있으니 길을 찾을 때 나는 구글맵을 이용했고, 아내는 네이버지도를 내비게이션으로 사용했다.

| 국내업무 마무리 |

강의를 나가는 학교 기말고사 성적 입력을 일찍 끝내고 밀린 성당교무금과 세금도 다 내고 정리했다.

| 그 외에 준비 한 것 |

10월 22일 이탈리아 피렌체 배경영화 '인페르노 Inferno, 2016' 관람.

프랑스

FRANCE

파리 Paris

● 샤를드골 국제공항

● 몽마르트 거리

● 샤크레 쾨르 대성당

● 개선문

● 상젤리제 거리

● 파리 시청

● 바토무슈 유람선

● 콩코드 광장

● 루브르 박물관

● 에펠탑

● 노트르담 대성당

● 오르세 미술관

세느강

● 베르사유 궁전

유럽 가족여행 대장정의 출발

2016. 12. 30. (금)

인천 공항 - 파리 샤를드골 국제공항 - 숙소

샤를드골 국제공항 도착

깜빡 늦잠이라도 자는 날이면 그야말로 상상하기 싫은 끔찍한 일이 생기는지라 몇 번을 자다가 놀라 깼는지 모르겠다. 공항까지 가는 이동 시간을 고려해서 일찌감치 가족들을 깨웠다. 새벽 4시.

아이들은 어제 밤늦게까지 빠진 짐을 챙긴다고 캐리어를 몇 번이나 열었다 닫았다 툭탁거리면서 잠을 자지 않았는데도 새벽에 깨우니 한 번 만에 벌떡 일어났다. 전날 저녁에 먹은 생굴 때문에 배탈이 난 영주는 새벽에 일어났는데도 풀 메이크업을 했다. 인간의 정신이 얼마나 대단한지 새삼 깨달았다. 금성팀 2명이 배탈이 나서 힘들어한다.

김해 공항에 도착하자마자 티켓팅을 하고 수하물을 먼저 보냈다. 탑승 시간은 6시 25분. 시간은 빠듯한데 로밍 신청을 아직 받지 않아 영주는 인터넷으로 주문한 면세 화장품을 찾으러 먼저 들어갔다.

인천 공항에서 파리행 비행기를 기다리면서 가족 모두 핸드폰 요금제를 최소요금제로 바꿨다. 이제 비행기를 타면 한 달 후인 1월 26일이 되어야 우리나라 땅을 다시 밟게 된다. 나만 믿고 한 달 동안 유럽 여행을 따라나선 우리 가족이 아무런 사고 없이 잘 갔다 와야 한다는 부담감 때문인지 짊어진 배낭이 더 무겁게 느껴진다.

9시 45분. 에어프랑스에 몸을 실었다. 파리는 유럽 여행객들이 제일 많이 찾는 곳이고, 한국 사람들이 가장 가보고 싶어 하는 곳이라고 한다. 시차는 파리가 서울보다 8시간 늦고, 비행시간은 12시간 30분 걸렸다. 기내식을 세 번 먹고 자다가 깨다가 하니 파리 샤를드골 국제공항에 도착했다. 파리는 오후 2시. 한국은 저녁 10시.

금성팀은 속이 좋지 않아서 기내식도 먹지 못했다. 영주와 달리 아내는 프랑스행 비행기에 탑승하고 나서 결국 토하기 시작했고, 파리에 도착할 때까지 잠 한숨 자지 못하고 화장실을 들락거렸다. 왠지 조짐이 좋지 않다.

패키지로 왔더라면 가이드를 따라가기만 하면 수하물을 찾을 수 있을 텐데, 오늘은 수하물 찾는 것부터 직접 해야 한다. 입국수속절차를 마치면 피켓을 들고 맞아주는 현지 가이드도 없고, 몸만 실으면 목적지까지 데려다주는 관광버스도 없는 냉엄한 현실이 훅 다가온다.

수하물을 기다리는 동안 나와 아내는 출국 10일 전에 국내에서 미리 사놓은 3유심으로 핸드폰 유심칩을 갈아 끼웠다. 비록 3G라서 느리긴 하지만, 한 달 동안 추가 요금 부담 없이 무제한 데이터를 이용할 수 있다. 앞으로 한 달 동안 우리를 위해 어떤 때는 내비게이션 역할을 하고, 어떤 때는 셰르파 역할을 할 3유심과 첫 만남을 한 셈이다.

3유심의 단점은 유심칩을 완전히 새로운 칩으로 바꾸는 것이기 때문에 기존 전화번호로 걸려오는 전화를 받을 수 없다는 것인데, 한 달 정도 그동안의 인연과 떨어져 지내보는 것도 괜찮을 듯. 30일 동안 데이터 12기가, 문자 3,000건, 통화 5시간 무료 조건으로 46,000원.

한국에서 예약해 둔 민박까지 택시와 지하철 요금이 50유로(우리 돈 6만 원)로 비슷하지만, 지하철을 타기로 했다. 지하철 가족 할인 혜택이 있다는 걸 모르고 제 돈 다 내고 탔다. 귀국을 앞두고 1월 23일 파리에 다시 왔을 때 지하철 가족 할인 혜택이 있다는 걸 알게 됐다. 할인 혜택을 다 알고 갈 수 없기 때문에 생기는 자유여행 단점 중 하나. 큰돈은 아니지만, 속이 쓰리다.

파리 가는 항공기 내

프랑스 파리 광역철도 RER과 자크 봉세르장역

지하철 발권기계 사용법이 어려워 우리 앞에 선 외국인들이 시간을 많이 지체했고, 우리도 겨우 표를 샀다. RER B선을 타고 북역에서 5호선으로 한 번 갈아타 자크 봉세르장역에 내려 캐리어를 끌고 숙소에 도착하니 벌써 5시였다. 유럽의 겨울은 해가 너무 짧다.

지하철역 근처 약국에서 아내를 위해 배탈약을 샀다. 흔히 배탈은 영어로 'stomachache'라고 한다. 카투사 선배 중에 미군 음식이 입에 맞지 않아 음식을 먹기만 하면 설사를 해서 메디컬센터에 갔는데, 설사라는 영어단어 'diarrhea'를 몰라서 'rapid shit'(빨리 나오는 ×)이라고 했더니 미군 군의관이 알아들었다는 30년도 훨씬 더 된 웃지 못할 이야기가 불현듯 떠오른다. 빨리 나아야 할 텐데 땅 설고 물 선 곳이라 걱정이다.

유럽의 겨울은 빨리 어두워진다더니 들던 대로 벌써 어둑어둑하다. 민박집 아주머니가 친절하게 맞아준다. 알고 보니 나하고 동년배 조선족이다. 일단 짐을 풀고 3일 숙박비를 현금으로 지급했다. 450유로.

파리 숙소를 한인이 운영하는 민박집으로 잡은 이유는 아침은 물론이고, 저녁 식사까지 한식으로 제공하기 때문이다. 비용을 아끼기 위한 이유도 있지만, 한 달에 걸친 여행을 해내기 위해서는 초등학교 5학년인 막내 동주가 유럽의 음식문화에 적응할 수 있는 시간이 필요하다고 생각했기 때문이다.

완전히 어두워지기 전에 파리 시내 구경도 하고 출국 전에 예약해 둔 파리 패스를 찾으러 시내 투어버스인 빅버스 사무실로 찾아갔지만, 퇴근 시간이 지나버렸다. 혹시 하는 마음에 전화했더니 전화를 받는데가 영국이란다. 이 무슨 황당한! 빨리 전화를 끊었다.

미니 개선문

파리 시내는 캐럴은 울리지 않고 트리 조명만 반짝이지만 아직 크리스마스 느낌이 남아있는 고요한 밤이다. 그러고 보니 요즘 우리나라도 캐럴을 듣기 어려운데, 저작권은 보호해야 하지만, 크리스마스 기분은 예전만 같지 못하다.

멀리 개선문을 닮은 조형물이 보여서 가 보니 미니 개선문이다. 한 블록 떨어진 곳에 또 다른 미니 개선문이 있는 걸 보면 파리 사람들은 개선문을 좋아하는 모양이다. 그래도 처음 만나는 개선문이라 한 컷!

프랑스에는 개선문이 3개가 있는데, 루브르 박물관에 있는 카루젤 개선문, 콩코드 광장을 거쳐 샹젤리제 거리에 있는 에투알 개선문, 파리의 부도심인 라데팡스에 있는 제3 개선문 그랑 다르쉬는 일직선상에 놓여 있다고 한다. 샹젤리제 거리에 있는 개선문은 아치가 하나인데 로마 티투스 황제가 세운 개선문을 나폴레옹이 본떠서 만든 것이다. 티투스 개선문은 로마의 콜로세움에서 포로 로마나로 올라가는 길에 세워져 있고 콜로세움 바로 옆에 있는 아치가 3개인 개선문은 311년 밀라노 칙령으로 로마제국이 종교에 대해 중립적 태도를 보임으로써 기독교를 공인한 콘스탄티누스 황제 개선문이다. 개선문 아래 충혼의 불꽃에는 6.25한국전쟁 참전 기념 동판도 보인다.

숙소로 돌아오면서 파리에 입성한 기념으로 9.38유로짜리 와인을 한 병 사고, 민박 숙소에서 퀴퀴한 냄새가 나는 것 같아서 방향제를 샀다. 와인을 한잔하면서 입성을 축하해본다. 장거리 비행으로 힘들었는지 아내와 동주는 일찍 잠에 곯아 떨어졌다. 약을 먹고 잠들었으니 내일은 아내가 툭툭 털고 일어나길 바란다. 여행 첫날에 그냥 잠들기 아쉬워하는 영주를 데리고 숙소 앞 카페에 들러 오늘의 추천메뉴인 생선요리를 안주 삼아 이름 모르는 와인을 한 잔 더 하면서 파리에 왔다는 것을 실감해 본다.

숙소는 첫 방문지인 파리와 스페인 일정의 첫날인 바르셀로나 두 군데만 예약하고 출국했기 때문에 아테네와 로마 숙소를 예약해야 안심할 수 있었다. 영주마저 피곤했는지 깊이 잠들었다. 스마트폰 앱으로 검색하다가 부킹 닷컴 Booking.com에 올라온 유럽의 성처럼 생긴 로마 숙소가 싸고 마음에 들어 예약했다. 로마에 도착하는 1월 7일부터 피렌체로 이동하는 1월 10일까지 3박 4일 동안 198유로.

여행 첫 날 숙소 앞 카페에서

익숙하지 않은 곳에서 느끼는 어색한 긴장감을 느껴본 지가 오래되었는데, 기분 좋은 자극으로 느껴졌다. 몸이 피곤해서 정신은 더 맑아지지만, 내일 일정을 위해 나도 그만 자야겠다.

항공 기내 무료 서비스

- 탑승 전날 고객센터나 홈페이지에 요청하면 기념일 케이크를 받을 수 있다.
- 기내 기본 음료 외에 요청하면 핫초코와 칵테일은 물론 각종 와인과, 과일 주스, 음료를 추가로 제공한다.
- 장시간 비행할 때 승무원에게 베이비시터를 요청할 수 있다.
- 저가항공을 제외하고, 세안 용품, 칫솔과 치약, 스킨로션, 면도기, 안대, 이어플러그, 슬리퍼, 수면 양말 등으로 구성된 그루밍키트를 제공한다.
- 원하는 시간에 승무원에게 모닝콜을 요청할 수 있다.
- 기내식 시간 외에도 견과류나 프레첼 등의 스낵을 즐길 수 있다.
- 대한항공의 경우 건강, 종교, 연령 등의 이유로 기본 기내식을 먹지 못하는 승객은 항공 출발 24~48시간 전까지 고객센터나 홈페이지를 통해 특별 기내식을 주문할 수 있다.
- 기내식의 양이 만족스럽지 못할 경우에 기내식을 추가로 요청할 수 있다.
- 기내 응급상황을 대비해 반창고와 붕대, 위생 용품 등이 들어있는 구급상자를 갖추고 있다. 하지만 승무원이 해열제, 진통제, 소염제 등을 승객에게 제공하는 것은 법적으로 금지되어 있으니 비상약은 직접 챙겨야 한다.
- 비행기 안에서 생수병을 받을 수 있다.
- 어린이와 동반한 고객이라면 어린이키트를 요청해보자. 색칠 놀이, 필기구, 스티커 등으로 구성되어 있다.
- 승무원에게 귀중품을 따로 보관하도록 요청할 수 있다. 또한, 부피가 크고 두꺼운 코트는 공항에 따로 보관이 가능하니 승무원에게 요청해 볼 것.
- 인터넷 면세 주문 물건 수령은 6시 30분부터 가능. 탑승 시간이 이른 고객을 대상으로 먼저 창고 일부를 오픈한다.

여행의 시작과 한해의 마지막

2016. 12. 31. (토)

빅버스 투어(블루존) – 빅버스 투어(레드존) – 개선문 – 상젤리제 거리 – 콩코드 광장

개선문 야경

파리지앵들도 한 해를 그냥 보내기는 싫은지, 아니면 우리 가족이 파리에 입성한 것을 축하하는 것인지, 빛의 도시답게 어제 밤늦게까지 펼쳐지는 불꽃의 향연을 민박집 창문을 통해 감상할 수 있었다.

내가 사는 해운대에서도 구청과 주민, 상인과 기업들이 협력하여 2014년부터 매년 12월경 점등식을 시작으로 2월 중순까지 구남로와 해수욕장 등 6개 구역에 '해운대라꼬 빛축제'를 개최하고 있다. 버스킹과 인디밴드 공연, 재즈, 마술쇼 등 다양한 프로그램으로 해운대의 겨울 문화콘텐츠로 자리 잡고 있다.

늦게 자고 일찍 일어나는 것은 가이드의 덕목. 유럽의 겨울은 해가 짧으니 될 수 있는 대로 일찍 움직이는 것이 필수다. 곤하게 자는 아이들을 먼저 깨우고 배탈이 났었던 아내의 상태를 살펴보니 그런대로 씩씩하다.

민박집 주인도 일찍 일어나 아침을 준비한다. 달걀부침과 된장찌개를 먹고 서둘러 나와 파리패스 4장을 찾았다. 앞으로 3일 동안 이 패스만 있으면 투어버스인 빅버스와 지하철을 타고 어디든지 갈 수 있다.

빅버스 코스는 블루존과 레드존 두 개로 이루어져 있어서 첫날은 빅버스를 타고 코스를 다 돌아보기로 했다. 그레벵 박물관 근처 정류장에서 기다리는 버스를 타고 패기 넘치게 2층에 앉았지만, 강추위에 온몸이 얼어붙었다. 블루존을 한 바퀴 돌고 나니 점심시간이다.

너무 추워 몸도 녹일 겸 인근 식당에서 오리 가슴살 스테이크인 마그렛과 까르보나라를 먹었는데 모두 96유로, 우리 돈으로 12만 3천 원이 들었다. 물 한 잔도 사 먹어야 하는 유럽에서 매 끼니를 이렇게 먹으면 조식을 먹고 나

43

개선문 전망대에서

온다고 해도 하루 두 끼가 어림짐작으로 하루에 20만 원, 25일이면 500만 원이 든다. 이쯤 되면 여행 경비에서 식대가 제일 많은 부분을 차지하겠다.

여기저기 구경하다 보면 식사 때를 놓치기 쉬운데, 차에 연결해서 조리해 먹을 수 있는 차량용 컨버터를 챙겨온 것은 정말 잘한 것 같다. 내일도 같은 식당에서 이틀 연속 점심을 먹으리라고는 생각하지 못했다. 물론 메뉴는 조금 다르게 주문했지만.

따뜻한 카페 안에서 느긋하게 점심을 먹고, 이번에는 레드존을 한 바퀴 돈 다음, 개선문에서 하차했다. 우리나라 말로 된 안내방송을 들으며 둘러보는 시티투어는 괜히 우리 가족을 기분 좋게 만들었다. 외국에 나오면 다 애국자가 된다더니 빈말은 아닌 것 같다.

개선문은 파리의 낭만이 시작되는 샹젤리제 거리가 시작되는 곳에 있다. 개선문은 말 그대로 전쟁에서 이기고 돌아온 장수가 개선하는 문이다. 2차 세계대전 당시 파리를 점령했던 히틀러와 프랑스의 영웅 드골도 개선문으로 들어왔다고 한다.

파리 시내를 한눈에 볼 수 있는 곳은 에펠탑과 개선문 두 곳이다. 개선문 전망대에 올라가서 내려다본 파리 시내는 12갈래 방사형 도로가 사통팔달로 쭉 뻗어있었다. 때마침 저 멀리 보이는 에펠탑이 안개에 싸여 있어 몽환적인 느낌을 주었다. 개선문 전망대에서 내려다보이는 주변 12갈래 방사형 도로의 이름은 대부분 장군의 이름에서 따왔다고 한다.

파리패스에는 개선문 전망대 무료입장권이 포함되어 있는데 살을 에는 듯 추운 겨울 날씨에 줄 서서 기다리지 않고 바로 입장할 수 있어서 너무 좋았다.

상젤리제 거리의 케밥집(위) 콩코드 광장(아래)

입장하기 전에 소지품 검사를 한다. 테러 때문에 그렇겠지만, 생각보다 검사가 철저한 편이다. 전망대 입장료가 성인 12유로, 학생 6유로인데 우리는 파리패스 덕분에 42유로를 절약한 셈.

발 디딜 틈도 없이 여행객으로 가득 찬 개선문 전망대를 내려와 샹젤리제 거리를 가득 메운 인파에 묻혀 송년 분위기를 만끽했다. 일정을 일부러 이렇게 잡은 것은 아닌데, 크리스마스부터 이어진 새해맞이 행사는 우리 가족의 파리 방문을 환영해주는 서프라이즈 축제였다. 여행 시작부터 큰 행운을 잡은 것 같다. 화성팀의 막내 동주는 한국에서부터 노래를 부르던 파리 갭 GAP 매장에서 후드티와 후드짚업으로 쇼핑을 시작했다.

전통 공예품과 기념품 등을 파는 개성 있는 가게들을 살펴보고, 야시장에서 소시지, 빵, 케밥 등 온갖 먹거리를 먹으며 걷다 보니 어느새 대관람차가 있는 콩코드 광장에 도착했다. 구경하면서 걷다 보니 개선문에서 1.8km나 걸어온 것이다.

파리 최대 번화가인 샹젤리제 거리를 가득 채운 노점상에서 파는 싸구려 중국산 물건들은 사실 이 거리에 어울리지 않아 보였다. 우스운 것은, 이곳 프리마켓에서 파는 물건의 질이 조악해서 샹젤리제 거리의 이미지를 훼손할 수 있다는 점을 들어 파리 시의회가 크리스마스 시장 허가 갱신을 만장일치로 거부하는 바람에 지난 10년간 해오던 프리마켓을 올해부터는 볼 수 없게 되었다는 것이다. 우리가 파리를 방문했을 때가 마지막 프리마켓이었던 것이다.

콩코드 광장은 마리 앙투와네트가 루이 16세와 결혼식을 한 곳이고, 공

47

빅버스에서(위, 아래 좌) 빅버스 인근 레스토랑 점심(아래 우)

교롭게도 23년 후인 1793년 프랑스혁명 당시 두 사람은 이곳에 설치된 단두대에서 생을 마감하게 된다. 분수대가 있는 곳이 당시 단두대가 있던 곳이라 하니 인생무상을 느끼게 해준다.

이미 어두워진 샹젤리제 거리 야경은 그야말로 장관이다. 언제 이런 장관을 직접 다시 볼 수 있을까 하는 생각에 다시 개선문까지 걸어서 가기로 했다. 샹젤리제 거리 양쪽으로 늘어선 마로니에와 플라타너스는 화려한 조명에 붉고 푸른빛을 내면서 타는 듯하고, 개선문은 낮에 본 모습과 달리 푸른 조명에 휩싸인 채 여행객들의 발을 묶어 놓고 있었다. 그 모습을 카메라로 담으려는 여행객들로 인해 개선문 로터리는 발 디딜 틈도 없이 인산인해를 이뤘다. 그래도 교통통제는 그럭저럭 잘 되는 것을 보니 국제도시답다는 생각이 들었다.

낮에 보는 개선문과 파란 레이저 조명으로 화려하게 치장한 밤의 개선문을 보고 나자 영주는 전날 파리패스를 찾으러 가는 길에 만났던 미니 개선문에서 인증사진을 찍은 것이 웃기다고 한다. 개선문의 규모와 분위기가 에투알개선문과는 비교할 수 없을 정도니까.

역시 젊음이 좋은가 보다. 영주는 배탈이 씻은 듯이 나았다. 그런데 아내는 배탈이 여전한데다가 추운 날씨에 너무 많이 걸어서 발에 염증이 생겼다. 첫날 일정은 여기까지. 개선문 앞에 기다리고 있는 빅버스를 타고 숙소 근처에 가서 택시를 타고 귀가. 택시비 6유로.

이대로 숙소로 돌아가기 아쉬워 아이들 먼저 숙소로 들여보내고 아내와 근처 마트에서 과일과 와인 한 병을 사 왔더니 민박집 비밀번호에 문제가 생겨 아이들이 그때까지 들어가지 못하고 추운 곳에서 떨고 있었다. 벌써 씻고

쉬고 있을 줄 알았는데, 하마터면 큰일 날 뻔했다. 아이들 핸드폰은 3유심을 장착하지 않아 전화를 걸면 비싼 국제전화요금이 나온다고 전화를 하지 않았던 것이다. 다음에는 아이들 폰에도 3유심을 장착해야겠다.

여행 첫날이라 아직 시차 적응을 못해서 피곤했을 텐데도 이국에서 보낸 첫날이 재미있었나 보다. 빅버스는 2층이 오픈되어 있어서 버스 안 1층에 있어도 유럽의 차가운 겨울 날씨를 막아주지 못한다. 설상가상으로 히터를 틀지 않아 춥다. 집 떠나와 정말 고생이다. 숙소에 돌아와 뜨거운 물로 샤워하고 집에서 먹던 한식을 닮은 저녁을 먹자마자 어른아이 할 것 없이 다들 피곤이 몰려오는 모양이다. 온종일 떨다 보니 누가 먼저랄 것 없이 곯아떨어진

빅버스와 개선문

다. 힘들었겠지만 모두 만족스러운 하루였길. 가이드는 아직 할 일이 남아서 스마트폰을 꺼낸다.

로마 숙소는 어제 예약했지만, 파리 다음 목적지인 아테네에서 묵을 곳은 아직 정하지 못했다. 아테네에서 1월 3일부터 4박 5일 동안 머물 숙소를 검색하던 중, 부킹닷컴 Booking.com에 올라온 호텔 중 '오아시스 호텔'이 조식을 제공하면서도 요금이 저렴한 것을 발견하고 예약해 버렸다. 372유로.

이제 로마와 아테네 숙소 문제를 해결했으니 마음이 홀가분하다. 스마트폰에서 눈을 떼어 보니 방바닥에는 캐리어에서 꺼내놓은 짐들이 좁은 숙소를 발 디딜 틈도 없이 어지럽게 만들었다. 집 떠나면 개고생이라더니 좋은 집 놔두고 이게 뭐 하는 건지.

민박은 예약이 다 차서 3일밖에 예약하지 못했기에 내일 하루를 더 자고 나면 파리에서 남은 일정동안 머무를 곳을 찾아야 한다. 호텔스닷컴 Hotels. com에서 지하철에서 가까우면서도 저렴하고 괜찮은 3성급 호텔을 예약했다. 컴포트호텔 Comfort Hotel. 어감 때문에 일본군 위안부 할머니들을 칭하는 'Comport women'이라는 단어가 겹쳐서 떠오른다.

영주&동주가
알려주는
소소한 Tip

- 에투알 개선문은 성인 12유로, 18세 미만과 파리패스 소유자는 무료. 첫째 주 일요일은 무료. 운영시간 10:00~23:00
- 프랑스의 대표적인 과자 마카롱을 맛보려면 샹젤리제 거리의 라뒤레(LADUREE) 추천.
- 콩코드 광장의 대관람차는 성인 12유로, 10세 이하 아동은 6유로. 일~목요일은 11:00~24:00, 금~토요일은 1시간 연장 운행한다.

낯선 곳에서 새해를 맞이하다

2017. 1. 1. (일)

노트르담 대성당 – 파리 시청 – 오르세 미술관 –
샹젤리제 거리 – 몽마르트 거리 – 사크레 쾨르 대성당

노트르담 대성당

2017년 새해. 외국에서 처음 맞이하는 새해 아침이 왠지 어색하다. 노트르담 대성당에서 새해 첫 주일미사를 보기로 했다. 유럽은 곳곳에 성당이 많아 미사참례는 어렵지 않을 것 같다. 곤하게 자는 아이들을 깨워 민박에서 주는 마지막 한국식 아침을 먹고 노트르담 대성당으로 향했다. 물론 빅버스를 타고서.

노트르담 대성당은 파리의 발상지라고 하는 시테섬 동쪽에 있는 가톨릭 성당이다. 나폴레옹의 황제 대관식이 열린 곳으로 유명하지만, 프랑스 혁명 당시 많이 파괴되어 철거될 뻔한 위기가 있었는데 빅토르 위고의 소설 『노트르담의 곱추』가 시민의 관심을 불러일으켜 복원되었다고 한다. 입장료는 무료.

라틴어로 집전하는 미사라서 그런지 왠지 더 경건한 느낌이 드는 건 가톨릭 신자의 숙명인 것 같다. 노트르담은 불어로 성모 마리아를 뜻하기 때문에 성모 마리아에게 봉헌된 성당은 모두 노트르담 성당이라 불러도 되지만, 보통 노트르담 대성당이라 하면 파리에 있는 노트르담 성당을 말한다.

미사를 마치고 성당 안팎에서 기념사진을 찍고 난 후, 걸어서 5분 거리인 파리 시청으로 갔다. 파리의 새해는 너무 춥다. 겨울에는 시청 광장에 스케이트장을 설치한다고 하던데, 아직 스케이트장은 보이지 않고 회전목마만이 시청광장에 들어서 있었다. 지나가던 한국인 여행객에게 부탁해 시청을 배경으로 서로 사진을 찍었다. 외국에서 만나는 한국인은 언제나 반갑다.

빅버스를 타고 루브르 박물관 맞은편에 있는 오르세 미술관에 갔다. 미술관 앞에서 입장을 기다리는 사람들이 길게 줄을 선 모습을 보면서 참 문화적으로 다르다는 생각을 해 본다. 오르세 미술관 입장료는 11유로. 파리패

오르세 미술관

스 소지자는 입구를 따로 만들어 놓고 대기 없이 프리패스. 그렇지만 소지품 검사는 필수다. 36유로 절약.

오르세 미술관은 루브르 박물관, 퐁피두센터와 함께 파리의 3대 미술관 중 하나다. 원래는 철도역이었다고 한다. 천정의 둥근 유리 돔을 보면 역사로 사용했을 때도 운치가 있었을 것 같다. 오디오 가이드를 2개 대여하고 입장했다. 10유로.

미술에 문외한인 나도 잘 알고 있는 밀레, 고흐, 세잔, 모네, 마네 등 유명한 화가의 작품을 직접 감상하는 느낌이 좋았다. 밀레의 〈만종〉과 〈이삭 줍는 여인들〉이 친숙하게 다가온다.

빈센트 반 고흐의 〈자화상〉도 전시하고 있었다. 고흐가 자신의 정신 장애로 인한 고통을 그림 속에서 소용돌이로 표현한 〈별이 빛나는 밤〉은 뉴욕 근대미술관에서 소장하고 있는데, 돈 맥클린이 부른 팝송 〈Vincent〉가 절로 흥얼거려진다. 자신의 천재성을 알아주지 않는 현실을 괴로워하였지만, 죽고 나서 많은 사람의 사랑을 받게 되고, 영화 〈Loving Vincent〉까지 만들어 자신을 그리워한다는 것을 고흐가 알게 된다면, 조금은 위안이 되지 않을까.

오디오 가이드를 들으며 2층으로 올라가면, 로댕의 〈지옥의 문〉을 만난다. 단테의 『신곡』 지옥 편에 9개의 죄목으로 지옥문에서 벌을 받고 고통스러워하는 사람들이 나오는데, 이를 묘사했다고 한다. 지옥문을 열고 안으로 들어가면 얼마나 끔찍한 곳인지를 짐작하기에 충분한 작품이다. 지옥문 위에 걸터앉아 지옥에 오는 사람들을 어떻게 처리할지 고민하는 인물이 있는데, 이것을 따로 떼어내어 조각한 것이 로댕의 〈생각하는 사람〉이란다.

몽마르트 언덕에서 점심을 먹으려 했는데, 샹젤리제 거리에서 교통통제까지 하면서 어제에 이어 오늘도 축제를 하는 바람에 축제도 구경할 겸 다시 샹젤리제에서 내렸다. 어제저녁에 이어 이틀 연속 축제를 구경하는 행운을 맘 편하게 즐기기로 했다. 샹젤리제 거리를 이틀 동안 두 번 왕복 했더니 영주는 지금도 눈을 감으면 샹젤리제 거리가 훤하다고 한다. 하긴 1.8km 길을 두 번 왕복했으면 6.4km를 샹젤리제 거리에서 헤맨 셈이니 그럴 만도 하다.

배가 너무 고파서 어제 갔던 그 식당에서 일단 점심을 해결하기로 했다. 오리 가슴살 스테이크인 마그렛은 하나만 시키고 스파게티를 시켜 나눠 먹었더니 오늘 점심은 70유로.

여행하면서 일정대로 움직이는 것은 애당초 불가능하다. 추위에 언 몸을 충분히 녹인 다음 몽마르트로 향했다. 빈센트 반 고흐와 피카소 같은 가난한 예술가들이 살던 집과 골목이 그대로 남아있다고 하는데, 유럽의 겨울은 벌써 어둑어둑해지기 시작한다.

가게 입구에 빨간색 풍차가 있는 무랑루주 근처에서 내렸다. 한때 무랑루주는 캉캉춤으로 유명했던 곳이다. 조금 걸어서 내려오니 크리스마스 조명등이 몽마르트 입구라는 사실을 알려준다. 입구에서 걸어 올라가니 웅장한 사크레 쾨르 대성당이 밤안개에 갇혀 은은하면서도 화려한 조명 속에 환상적인 자태를 뽐낸다. 몽마르트 정면 계단으로 올라가는 문은 이미 닫혔고, 엘리베이터와 에스컬레이터를 섞어놓은 푸리쿨라만 운행 중이다. 유료지만 파리패스는 무사통과.

몽마르트 거리

사크레 쾨르 대성당

성당 입구에 총을 든 군인들이 여행객들을 통제하는 바람에 길게 줄을 서 있어서 성당 뒷골목 화가의 거리 쪽을 먼저 가 보기로 했다. 해운대 바닷가의 화가들과 달리 파리에서는 예술가 자격증이 있는 사람만 그림을 그리고 판매할 수 있다고 한다. 가족 초상화를 그리기에는 너무 춥다.

이곳은 지난번 파리 출장 왔을 때 동주에게 선물로 준 스냅백을 샀던 곳이라 동주도 직접 와 보고 싶어 했던 곳이다. 동주는 가게마다 쌓여있는 다양한 종류의 스냅백 중에서 마음에 드는 것을 소신 있게 하나 골랐다. 동주는 나라마다 스냅백을 하나씩 샀는데, 귀국해서는 다 모아놓고 인증사진도 찍고, 지금도 돌려가며 골고루 잘 쓰고 다닌다. 스냅백은 동주의 보물 제1호. 아내는 에펠탑 비즈가 박힌 티셔츠 한 장.

사크레 쾨르 대성당. 교구 성당이 아닌 예수성심 성당으로 독립한 곳이다. 그래서 바실리카라는 명칭을 쓰는 듯. 프랑스가 프로이센과의 전쟁에서 패하고 나서 국민의 사기를 끌어올리기 위해 성금을 모아 만든 성당이다. 1988년 전두환 정권이 북한이 금강산댐으로 남한을 물바다로 만든다고 국민을 겁주어 국민 성금을 받아 만든 평화의 댐이 생각난다. 성당 앞 두 개의 동상 중에서 오른쪽이 잔다르크의 동상이다. 입장료는 무료.

참고로 성당 중에서 가장 격이 높은 성당을 바실리카라고 하고, 그다음이 주교좌 성당인 카테드랄, 혹은 이탈리아에서는 두오모라고 하고, 그다음이 교구성당인 이글레시아, 마지막이 소성당 카펠라다. 로마에서 머물렀던 숙소에서 걸어서 5분 거리에 있는 라테라노 대성당은 바실리카인데, 로마교구의 교구장인 교황의 좌가 있는 성당이기 때문에 같은 바실리카인 피에트로 성당보다 격이 더 높은 성당이다.

사크레 쾨르 대성당 안에서

파리에서 맞는 새해 첫날. 새해를 맞는 방식이 우리와 다르다 보니 우리 나라에서 맞이하던 새해 느낌이 그리워진다. 일정을 마치고 숙소로 돌아와 어머니께 안부 전화를 드렸다. 건강하시기를 빌어본다. 내일은 파리 숙소를 옮겨야 한다.

아테네행 1월 3일 비행기를 검색하다보니 프라이스라인닷컴 Priceline.com 에 올라온 에게 항공이 제일 저렴했다. 그리스 국적기인 에게 항공 홈페이지를 보니 프라이스라인닷컴의 대행 수수료가 빠져서 그런지 요금이 조금 더 싸다. 예약 완료.

- 노트르담 대성당는 무료입장. 08:00~18:30 사이에 가면 미사에 참여할 수 있다.
- 오르세 미술관은 월요일 휴무. 목요일은 밤 9시까지이고, 평소는 09:30~18:00까지. 입장료 12 유로, 오디오 5유로. 티켓 없다면 A입구, 티켓을 소지하고 있다면 C입구.
- 사크레 쾨르 대성당 입장은 무료. 개방시간은 06:00~22:30, 밤 10시 15분에 입장을 마감한다.

만능 파리패스로 파리 곳곳을 누비다

2017. 1. 2 (월)

베르사유 궁전(휴관) – 루브르 박물관 – 에펠탑 – 바토무슈 유람선 야경 감상

루브르 박물관

베르사유 궁전이 파리 외곽에 있어 방문을 미루어 두었는데, 오늘 가 보기로 했다. 구글맵으로 1시간 5분 거리. 파리의 지하철을 갈아타면서 우리나라 지하철이 참 잘 되어 있다는 생각을 해 본다. 숙소에서 지하철 5호선을 타고 가다 국철인 RER C선으로 갈아타니 구글맵에서 본 대로 1시간여 만에 도착했다. 지하철역에서 걸어서 5분.

비가 내린다. 한국에서 가져온 접이 우산 4개를 매일 배낭에 넣어 다니다가 하필 오늘 숙소에 두고 왔다. 빗줄기가 점점 더 굵어진다. 역 근처 가게에서 우산 2개를 사서 화성팀, 금성팀끼리 걷다 보니 그것도 제법 운치가 있었다. 파리도 예외 없이 유명 관광지 근처는 우산도 비싸다. 한 개 8유로. 베르사유 궁전 휴관. 오늘이 월요일이었구나. 월요일은 휴관한다는 것을 알고 여행 스케줄을 잡았던 건데 파리에 와서 아무 생각 없이 일정을 바꾸는 바람에 오늘이 월요일이라는 사실을 잊고 있었다. 이렇게 되면 다른 일정을 포기해야 하는 문제가 생긴다. 외국여행에서 시간은 곧 돈인데.

센강을 사이에 두고 오르세 미술관 맞은편에 있는 루브르 박물관으로 갔다. 프랑스 역사상 최고의 왕권을 누렸던 태양왕 루이 14세가 베르사유로 거처를 옮기기 전까지 궁으로 사용하던 곳이다. 중앙 광장에 설치된 유리 피라미드는 만남의 장소. 성배의 전설과 마리아 막달레나의 역할을 불순하게 묘사해서 가톨릭에서는 금서 수준이 된 댄 브라운의 소설『다빈치 코드』의 첫 장면 배경이 된 곳이기도 하다.

루브르 입구에 들어서니 전차를 끌고 있는 승리의 여신이 청동으로 조각되어 있는 카루젤 개선문이 비에 젖고 있었다. 사실 샹젤리제 거리 로터리에서 있는 에투알 개선문보다 먼저 세워진 형님 개선문이다. 카이젤 개선문과 오른쪽 유리 피라미드 사이에는 차도가 있어 차들이 지나갈 때면 땅에 고인 흙탕물이 튄다. 궁전을 가로지르는 차도인 것이다.

루브르 박물관의 새로운 출입구인 유리 피라미드에도 우산을 쓴 여행객들이 길게 여지없이 줄을 서 있다. 파리패스는 프리패스. 입장료 12유로. 36유로 절약.

피라미드 안으로 들어가 에스컬레이터를 타고 내려가면 지하 광장에 거꾸로 된 피라미드가 더 아름다운 빛을 발한다. 지하 광장은 관람객들로 인산인해. 오디오 가이드는 예약이 필수다. 사실 오디오 설명을 들으면서 관람하면 모르는 것을 알게 된다는 지적 만족을 얻을 수 있을지 모르지만, 눈으로 보고 마음으로 담아가는 것도 감흥이 큰 법.

박물관 안에서 햄과 치즈가 들어간 샌드위치로 간단히 점심을 때우는데 화재경보음이 울려댄다. 베르사유를 허탕 치고 왔는데 루브르까지 헛걸음하면 안 되는데. 파리 테러가 난 지 1년밖에 되지 않은 때라 그런지 관람객들이 우르르 몰려나간다. 영화의 한 장면 같다. 우리는 일단 기다려보기로 했다. 조금 있으니 비상해제. 덕분에 갑자기 텅 빈 루브르에서 널찍하게 관람했다.

박물관으로 쓰이기 전에는 궁전이었던 곳이라 너무 넓고 작품도 많다. 밀로의 〈비너스〉, 방탄유리 안에 보관된 레오나르도 다빈치의 〈모나리자〉, 머리와 양팔이 없지만, 날개를 펴고 금방이라도 날아오를 것 같은 작자 미상의 〈승리의 여신 니케〉, 〈큐피드〉 등 TV나 책으로만 보던 것들을 우리 아이들에게 직접 보여주게 되어 너무 좋았다.

처음에는 보는 작품마다 감탄했지만 갈수록 감흥이 떨어지는 것은 어쩔

루브르 박물관(위) 모나리자 찍는 사람들(아래)

수 없나 보다. 하지만 귀국하게 되면 직접 보기 어려운 명작들이기에 열심히 보고 느끼면 좋겠다. 프랑스 예술이 발전할 수 있었던 것은 초등학생 때부터 미술관에서 야외수업을 하며 자연스럽게 미술작품과 그에 얽힌 역사를 접하기 때문이 아닐까 생각해본다.

　새로운 숙소인 컴포트 호텔로 가려고 택시를 탔다. 무거운 캐리어 때문에 한국에서보다 더 자주 택시를 타는 것 같다. 호텔은 파리에 도착한 다음 날 호텔닷컴 Hotel.com에서 예약해둔 곳. 민박집과 가격은 비슷한데 호텔은 호텔이라 마음에 든다. 훨씬 쾌적하고 퀴퀴한 냄새도 안 나고 조식 뷔페도 제공한다. 4인 가족 135유로.

에펠탑의 낮과 밤

더 늦기 전에 에펠탑에 가서 인증사진을 찍고 센강 유람선 바토무슈를 타려고 지하철 9호선을 탔다. 도착해보니 벌써 어두워졌다. 빅버스를 타고 다니면서 낮에 보았던 모습에 비해 조명을 환히 밝힌 에펠탑은 마치 풀메이크업을 한 여인처럼 변신해버린 것 같다.

에펠탑은 예약을 하지 않아 표를 사려면 30분 이상을 기다려야 했다. 그런데 너무 추웠다. 에펠탑 앞에서 인증사진만 찍고 말았는데, 동주는 요즘 에펠탑에 올라가 보지 않은 것을 많이 아쉬워한다. 동주야, 다음에 좋아하는 여자 친구하고 파리에 가면 꼭 올라가 봐라. 예약 안 하면 한 시간가량 줄 서야 한다는 거 잊지 말고!

에펠탑은 절대왕정을 무너뜨린 프랑스 혁명 100주년을 기념해서 세워졌다고 한다. 그렇지만 낭만과 예술의 도시 파리에는 전혀 어울리지 않는 흉물스러운 철탑이 파리의 랜드마크가 된 것은 아이러니가 아닐 수 없다.

지하철에서 나와 센강의 알마 다리 쪽으로 걷다 보면 다리 앞에 '자유의 횃불'이라는 조형물이 있고, 그 앞에 꽃다발이 몇 개 놓여 있다. 조형물 아래에 있는 지하차도가 1997년 영국 왕세자빈인 다이애나가 교통사고로 죽은 지하차도이다. 내가 고3 때인 1981년 세기의 결혼식을 했고, 사고가 나기 1년 전 세기의 이혼을 했던 영국의 왕세자빈을 프랑스인들이 추모하고 있었다. 알마 다리는 교각에 있는 조각상이 센강의 수위를 재는 것으로 유명하다.

유람선 바토무슈를 타는 곳이 센강에 두 군데 있다는 것을 몰랐다. 에펠탑을 배경으로 사진을 찍다가 알마 다리를 건넜더니 조금 전에 건너왔던 강 건너편이라고 한다. 조금 전 사진을 찍었던 에펠탑 바로 밑에 바토무슈를 타는 곳이 있다는 말. 허탈했다. 구글맵으로 걸어서 10분 거리였지만, 동주는 날씨가 추워 힘들어했다. 택시도 없고. 달래고 어르고 해서 겨우 알마 다리를 다시 건너와 바토무슈 유람선에 몸을 실었다. 배 안은 따뜻했다. 동주는 언제 그랬냐는 듯 누나와 장난치며 웃고 떠든다.

3일 동안 파리 시내를 돌아다니며 구경한 오르세 미술관, 루브르 박물관, 시테섬의 노트르담 대성당 등이 에펠탑의 조명과 함께 센강 좌우에서 우리를 보고 반갑다고 손을 흔드는 것 같다. 한국말 오디오 가이드가 있어 투어 가이드 없이 다닐 때는 몰랐던 것들도 보인다. 야경을 감상하면서 호텔 인근 슈퍼에서 미리 준비해간 자몽과 자두를 간식 겸 꺼내 먹었다. 우리나라에서 먹던 것 하고는 맛이 다른 것 같다. 신토불이를 또 한 번 느낀다.

하루 일정을 마칠 때 즈음 센강에서 불어오는 차가운 바람이 유럽의 겨울을 실감하게 한다. 여행 3일 차인 오늘은 추운 날씨에 걷는 일정이 많아 아내에 이어 동주도 많이 힘들어한다. 가이드가 잘못해서 바토무슈 길을 헤매는 바람에 미안하게 됐다. 숙소로 가는 지하철 9호선 역까지는 제법 길어가야 해서 공짜로 탈 수 있는 지하철을 포기하고 에펠탑 앞에서 택시를 잡았다. 호텔까지 거리가 구글맵으로 30분. 파리는 걷기 좋은 도시인데.

오늘은 파리패스가 톡톡히 제 역할을 했다. 파리패스 덕분에 박물관, 미술관, 바토무슈도, 지하철도 모두 프리패스. 돈 안 내고 관람한 덕분에 더 재미있었던 것 같다.

하루 일정을 마치고 몸을 쉴 곳이 있다는 것만으로도 얼마나 큰 축복인지 모르겠다. 언 몸을 녹일 수 있는 따뜻한 물이 너무 고마웠다. 준비해 온 라면을 맛있게 끓여 먹고 고스톱판을 폈는데, 얼마 지나지 않아 아이들 눈

꺼풀이 내려왔다. 어제 먹다 남긴 와인을 비워본다. 이러다가 와인 마니아가 될지도 모르겠다.

영주&동주가
알려주는
소소한 Tip

- 베르사유는 매주 월요일 휴관. 운영시간 09:00~18:30. 성인 1인당 18유로, 정원 포함 20유로. 오디오가이드는 무료이다.
- 루브르 박물관은 매주 화요일 휴관. 운영시간은 09:00~18:00. 수, 금요일은 밤 10시까지. 입장료는 16유로.
- 파리패스 소지자는 바토무슈 무료 탑승. 파리 야경을 즐기기에 충분하다.

파리 지하철
- 지하철에서 내릴 때 티켓을 찍지 않는다. 하지만 검사원들이 검사를 하기도 한다. 이때 티켓을 소지하지 않고 있다면 40~60유로의 벌금을 물게 된다.
- 하차할 역에 도착하면 한국처럼 자동으로 문이 열리는 것이 아니라 직접 수동으로 열어 하차해야 한다.

- 파리 지하철 내에는 인터넷이 안되기 때문에 목적지를 미리 체크해 놓을 필요가 있다.
- 파리 지하철은 Zone이 나누어져 있는데, 티켓마다 갈 수 있는 Zone이 다르고, 몇 개의 Zone을 가는지에 따라서 가격도 다르다.

가장 저렴한 티켓을 선택하는 팁
① 하루에 교통수단을 4번 이하로 이용할 때 – 까르네
② 하루 동안 많은 곳을 이동할 때 – 모빌리스
③ 주말 동안 방문하는 26세 이하 학생이라면 – 티케 쥰느 위켄
④ 유명 관광지에 모두 입장, 투어와 쇼핑도 할 계획이라면 – 파리 비지트
⑤ 1주일 이상 장기 체류자라면 – 나비고

다음을 기약하며 안녕 파리!

2017. 1. 3 (화)

베르사유 궁전 – 샤를드골 국제공항 – 아테네 국제공항–숙소

베르사유 궁전 정문

프랑스 일정 5일차, 마지막 날. 한국에서 일정을 처음 짤 때는 최대한 많은 곳을 둘러보려고 했었는데 몇 군데 가보지도 못하고 벌써 프랑스를 떠나야할 시간이다.

오후 6시 50분 아테네행 비행기 시간 전까지 프랑스 일정을 마쳐야 해서 호텔에서 일찍 조식을 하고 어제 헛걸음쳤던 베르사유 궁전으로 다시 출발했다.

지하철을 타고 가다가 파리와 주변도시를 잇는 급행철도인 RER C선으로 환승하면서 잠깐 헤맸지만 한 번 왔던 길이라 조금 익숙하다. 오늘도 루이 14세 기마 동상이 입구부터 여행객들을 반긴다. 조금 더 걸어가면 최근 황금빛으로 부분 도색한 쇠창살이 어색한 분위기를 자아내는 베르사유 궁전이 모습을 드러낸다.

입장권을 사려고 기다리는 사람들의 줄이 이른 시간인데도 벌써부터 장사진을 치고 있다. 파리 시내부터 먼저 구경해야 파리의 낭만과 패션의 진수를 느낄 수 있다고 생각해서 베르사유 일정을 뒤로 미루고 짠 일정인데 이렇게 아까운 시간을 보내게 될 줄이야. 어제는 허탕까지 치고. 더구나 오늘은 아테네로 가는 날이라 숙소에 다시 가서 짐을 챙겨 공항으로 가야하는데. 비행기 시간은 정해져 있고 애가 탄다.

파리패스만 있으면 베르사유도 무료입장이라 티켓을 사려고 줄을 서서 기다릴 필요가 없는데. 어른은 20유로를 내야 마리 앙투와네트의 트리아농 정원을 볼 수 있기 때문에 입장료만 60유로를 떡 사먹었다. 헛걸음의 아픔이 생각보다 크다.

베르사유 궁전

화려함으로 인해 프랑스혁명의 도화선이 된 베르사유 궁전. 제 1차 세계대전을 마무리 짓는 베르사유 조약이 궁전에서 제일 화려하다고 하는 거울의 방에서 체결되었다고 한다. 전쟁의 추함을 궁전의 아름다움으로 덮어버리는 것도 낭만의 연장선이 아닐까.

소지품 검색을 끝내고 입장하자마자 오디오 가이드를 빌리고 이후 부터는 거의 관람객의 인파에 밀리다시피 해서 움직인다. 왕실예배당, 거울의 방을 지나 왕비의 방까지 관람하는데 걸리는 시간이 입장하려고 기다린 시간보다 적게 걸렸다. 마리 앙투와네트의 정원을 구경하는 미니열차가 금방 출발해 버려 아테네 행 비행기 시간 때문에 아쉽지만 베르사유 관람은 여기까지. 못 본 것은 다음을 기약하기로 한다. 루이 14세와 앙투와네트 조각상은 기념품으로 살만하지 않을까. 거울 등 29유로.

몽주약국과 달팽이요리는 유럽 일정을 끝내고 귀국하기 전 프랑스에서의 마지막 일정으로 남겨둔다. 숙소 근처에서 맥도날드 햄버거로 이른 저녁을 때웠다. 맥도날드 화장실은 잠귀 놓고 직원에게 말해야 열어주는데 남녀공용이고 프랑스 지하철만큼 더러웠다. 우리나라처럼 화장실이 깨끗한 나라도 없는 것 같다. 우리나라 총알택시처럼 샤를드골 국제공항만 오가는 50유로 택시를 탔다. 정들자 이별이라더니 익숙해지자 파리를 떠난다.

미리 예약해놓은 그리스 국적기인 에게 항공 티켓팅을 하면서 수하물을 보내려는데 수하물 등록이 안 되어있다고 한다. 수하물은 그냥 보내는 것 아닌가? 스튜어디스가 왜 수하물을 등록하라고 하는지 이해하지 못했다. 저가 항공사는 수하물 비용을 따로 받는다는 사실을 한 참 만에 알았다. 예약할

73

베르사유 궁전 내부

때 놓쳤나보다. 수하물 등록을 현장에서 하면 할인을 못 받기 때문에 한 개당 45유로씩 90유로의 수하물비용을 부담하고 캐리어 두개를 보냈다. 시간이 촉박했다면 캐리어가 문제가 될 뻔 했다. 싼 게 비지떡.

영주는 외국여행을 몇 번 다니더니 캐리어 싸는 요령이 나보다 훨씬 낫다. 세면도구와 화장품 같은 액체류는 짐을 싸기 쉽게 가방 하나에 따로 모아서 캐리어에 넣고 다니는데 내가 귀신에 씌었는지 액체류를 수하물로 부치지 않고 아무 생각 없이 등에 맨 배낭에 넣었나보다.

세관원이 불러서 가보니 당연히 캐리어에 들어 있어야 할 액체류 가방이 왜 내 배낭에 들어있단 말인가. 세관원들도 액체류 가방을 통째로 압수하는 건 처음인지 우스워하면서 어쩔 수 없다고 말한다. 수하물 비용을 아끼려고 배낭을 기내에 들고 들어왔더니 배보다 배꼽이 더 커졌다.

더 큰 문제는 영주가 아끼는 고가의 세안제가 그 안에 들어있었다는 것. 아끼는 물건을 압수당해 기분이 상한 영주가 아빠에게 말은 못하지만 화가 많이 났다. 이럴 때는 분위기를 망치지 말고 돈이 '아야' 하면 되는 법. 공항 면세점에서 동일제품을 급히 샀다. 피부트러블 때문에 평소에도 아무 세안제나 쓰지 않는데 그나마 같은 물건이 있어서 불행 중 다행이다. 해프닝은 해외여행의 필수. 또 언제 무슨 일이 생기더라도 웰컴.

비행기 앞좌석에 그리스인 조르바를 닮은 덩치 큰 스컹크가 소리 없는 방구를 자꾸 끼는 바람에 안쪽 구석자리에 앉았던 아내가 역겨워 하던 기억이 아직도 생생하다. 저가항공이라 기내식도 없고 아무 서비스도 없었지만 아이들에게 그리스 기념품은 챙겨주네.

드디어 4박 5일 일정을 보낼 그리스 아테네에 도착했다. 공항리무진을 타고 약 30분 만에 예약해 둔 호텔에 도착했다. 리무진 안에는 매표소에서 구입한 버스표를 넣으면 철컥하면서 찍히는 디지털 시대에 어울리지 않는 검표 기계가 눈길을 끈다.

4성급 호텔 오아시스. 호텔 바로 앞은 '육지로 둘러싸인 바다'라는 뜻을 가진 지중해. 도로명은 해변 도시답게 포세이돈로. 호텔 입구에서 바다의 신 포세이돈이 삼지창을 들고 우리 가족을 환영한다.

그리스 신화의 나라. 아이들 뿐 아니라 우리 부부도 설레기는 마찬가지다. 호텔방은 스위트룸처럼 되어 있어 우리 가족이 지내기에는 그야말로 안성맞춤이다. 오늘은 너무 늦었으니 자고나서 내일부터 4박5일 일정의 아테네 관광을 시작한다. 아내와 동주가 파리 일정이 무리가 되었는지 걷기 힘들어 해서 아테네에서는 아테네패스를 포기하고 호텔에서 소형차를 렌트해서 다니기로 했다.

2015년 그리스가 디폴트 선언을 했는데 알려진 것과는 달리 과다한 복지보다는 오히려 부정부패와 정치인들의 포퓰리즘, 국민들의 탈세가 주된 원인이라고 한다. 우리나라는 1998년 디폴트까지는 가지 않았지만 IMF 금융위기로 온 국민들이 힘들었는데 30년이 지난 2017년은 국정농단으로 온 나라가 몸살을 앓고 있다. 우리 아이들은 부정부패 없는 정의사회에서 살 수 있기를 빌어본다.

그리스

GREECE

아테네 Athenae
이드라 섬 Idra
포로스 섬 Poros
애기나 섬 Egina
델피 Delphi

● 델피

● 아테네

 ● 애기나 섬
● 포로스 섬
● 이드라 섬

신들의 나라 그리스

2017. 1. 4. (수)

신타그마 광장 – 아크로폴리스 – 포세이돈 신전

신타그마 광장 근위병

호텔 조식을 느긋하게 먹고 인수한 렌터카는 하얀색 닛산. 다음 날은 인근 3개 섬을 관광하는 크루즈 일정이라 하루만 풀 커버 보험으로 오토매틱 차를 빌렸더니 제법 비싸다. 90유로.

아내는 외국에서 운전하는 것이 국내에서 하는 운전과는 색다른 맛이 있는 모양인지 재미있어했다. 차를 반납할 때는 차를 빌릴 때 들어 있던 기름만큼 다시 기름을 채워 넣는 것이 렌트의 기본.

내비게이션은 우리말을 지원하지 않고, 추가 비용을 부담해야 할 뿐 아니라 구글맵이 더 자세하고 편하기 때문에 따로 빌리지 않기로 했다. 파리에서도 3유심 덕분에 요금 걱정 없이 구글맵을 내비게이션처럼 썼다. 우스운 것은 내 아이폰과 아내 갤럭시폰 두 대로 구글맵과 네이버맵 내비게이션을 동시에 사용했는데, 지도가 조금씩 차이가 있었다는 사실. 도로표지판은 그리스어로만 되어 있어서 불편했다.

아테네 첫 일정은 아크로폴리스 가는 길에 있는 신타그마 광장이다. 숙소가 해변에 있어서 해변도로를 따라가는 지중해 하늘이 너무 좋았다. 아내도 지중해를 왼쪽에 두고 운전하면서 즐거워했다. 아테네의 하늘이 누나처럼 예쁘다는 동주. 하늘이 정말 예쁘다. 우리 딸 얼굴처럼 우리 아들 마음처럼. 영주도 지중해 해변도로를 드라이브하고 싶어 했는데, 운전면허가 아직 없으니 어쩌랴. 영주야, 아테네는 8월에서 10월이 가장 예쁠 때라고 하네. 다음에 면허 따서 다시 이곳에 올 때 참고해라.

자동차가 있으니 편하긴 하다. 하지만 주차할 곳을 찾기가 쉽지 않다. 신타그마 광장 맞은편 골목 안에 있는 주차장에 10유로를 주고 주차했다. 혹

파르테논 신전(위) 아크로폴리스 전경(아래)

시 견인되면 차를 다시 찾으러 가는 것이 불편하기도 하고, 더군다나 시간이 돈인 외국여행을 망칠 위험이 있기에 차는 안전하게 주차장에 주차하는 것이 마음 편하다. 의사당 가는 길에 개들이 아무렇게나 누워 있거나 길거리를 배회하는데도 아무도 신경 쓰지 않는다. 개에게 아주 관대한 나라다.

신타그마는 '헌법'이라는 뜻으로, 최초로 헌법을 공표한 장소라서 이름 붙인 듯하다. 사진에서 많이 본 무표정한 그리스 국회의사당 근위병과 사진을 찍고 아크로폴리스로 이동. 영주는 근위병의 팔을 살짝 찔러보는 것도 용기가 필요할 정도로 근위병이 풍기는 위엄이 대단했다고 한다. 그리스는 한국전쟁에 4,992명이 참전해서 186명이 사망하고, 459명이 부상을 입었다는 공식 기록이 있다. 고마운 나라다. 신타그마 광장에 한국전에 참전했다는 내용이 있다.

해발 150m 높이의 아크로폴리스. 입장료 10유로를 내고 걸어 올라가 보니 아크로폴리스의 입구인 프로필라이아가 보인다. 입구를 지나면 바로 파르테논 신전을 볼 수 있다. 무너질 위험이 있어 보수공사를 하느라 기중기까지 와 있는 세계문화유산 제1호. 사진으로 볼 때 보다 훨씬 더 웅장하다. 눈이 시리게 푸른 그리스 하늘이 신전을 더 웅장하고 화려하게 느끼게 한다.

파르테논 신전을 마주 보고 있는 에렉테이온 신전을 받친 여섯 명의 여신 기둥은 모조품이고, 진품은 아크로폴리스 박물관에 있다. 신전 앞 올리브 나무의 사연은 이렇다. 바다의 신 포세이돈과 지혜의 신 아테나가 서로 자신이 아테네의 수호신이 되려고 선물 경쟁을 하였을 때, 아테네 시민이 아테나를 선택했는데 그때 아테나가 선물한 올리브 나무가 바로 에렉테이온 신전 앞에 심어져 있다는 것이다.

어릴 때부터 만화와 책을 통해 그리스 로마 신화를 많이 읽었던 동주는 이 제 아빠보다 더 많이 아는 그리스 로마 신화 박사!

에렉테이온 신전 너머 저 멀리 리카비토스 언덕이 자기에게도 와달라고 손짓한다. 277m 언덕으로 이루어져 아테네의 전망대 역할을 하는 곳이다. 케이블카로 올라갈 수도 있지만, 우리는 내일 델피의 아폴론 신전으로 가기 전에 차를 타고 올라가서 아테네를 한눈에 넣고 갈 것이다.

아크로폴리스에서 아래를 내려다보면 제우스 신전이 초라한 모습으로 서 있고, 파르테논 신전 아래는 옛 영화는 간데없고 잡초 가득한 공터만 남은 디오니소스 극장이 보인다. 2005년 우리나라의 조수미가 호세 카레라스와 공연한 헤로데스 아티쿠스 음악당도 보인다.

파리에서부터 발에 염증이 생긴 아내는 제대로 걷기 힘들면서도 아크로폴리스 일정을 같이했다. 고통 속의 아크로폴리스로 기억되려나? 아크로폴리스가 높은 곳에 있다 보니 계속 오르막이다.

일몰이 멋지기로 유명한 포세이돈 신전에 해가 완전히 지기 전에 도착하려고 차를 몰았다. 포세이돈 신전이 있는 남쪽 땅끝 마을 수니온 곳은 아크로폴리스에서 해안도로를 따라 70km 정도 떨어진 곳이다.

포세이돈 신전은 파르테논 신전과는 규모 면에서 비교가 안 될 만큼 작다. 해안 절벽 위에 있어서 에게해에서 불어오는 거센 바람은 어른도 몸을 가누기 힘들었다. 수천 년 세월 동안 바람과 싸워온 신전은 기둥 몇 개만 남아 있고 그마저도 비틀린 채 앙상한 모습으로 위태롭게 서 있다. 무너진 잔해들

포세이돈 신전

은 그야말로 아무렇게나 널브러져 있는데, 입장료를 받는다. 1인당 4유로. 2,500년 전 건축물에 대한 조그마한 성의 표시라고 생각하면 좋을 듯하다.

장비로 보아 사진작가처럼 보이는 사람에게 우리 가족사진을 부탁했다. 어디를 배경으로 찍어도 다 아름답다. 에게해 너머로 서서히 떨어지는 해를 손에 담아가고 싶었지만, 하릴없이 인증사진에만 담아볼밖에.

일몰이 시작된 수니온 곶의 해안도로는 해운대에서 송정으로 넘어가는 도로와는 비교할 수 없을 만큼 환상적이다. 연료를 채워서 차를 반납해야 해서 15유로 정도 주유부터 했다. 아까 봐둔 숙소 근처에 있는 마트에 차를 세웠다. 아이들이 좋아하는 소시지, 파스타, 연어로 오랜만에 배불리 먹어본다.

영주&동주가 알려주는 소소한 Tip

- 아크로폴리스 연중무휴. 입장료는 성인 12유로, 학생 6유로, 18세 이하 무료. 08:00~19:30 운영.
- 아크로폴리스의 헤로데스 아티쿠스 음악장은 매년 6~9월에 그리스의 가장 큰 축제인 아테네 페스티벌의 메인 공연장으로 쓰인다.
- 노을과 가장 잘 어울리는 곳으로 포세이돈 신전을 추천한다. 입장료는 4유로.

최고의 하루, 원데이 크루즈 투어

2017. 1. 5. (목)

원데이 크루즈 투어 : 이드라 섬 – 포로스 섬 – 애기나 섬

그리스

이드라 섬 당나귀 택시

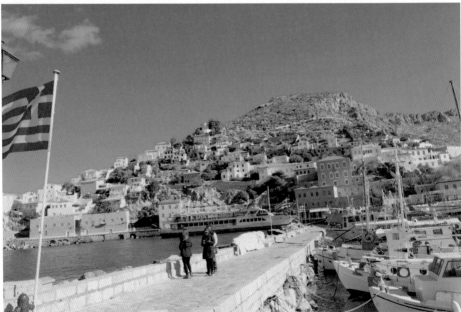

이드라 섬

아침 7시. 우리를 태워 줄 택시가 와서 기다리고 있다. 호텔에서 구글맵으로 약 30분 걸리는 피레아스 항구로 갔다. 3개 섬을 둘러보고 선상에서 먹는 점심 포함 총 11시간 투어에 일 인당 우리 돈 약 15만 원. 말이 좋아 크루즈지 배가 작아서 2층에 자리 잡았는데, 동주는 승선하자마자 뱃멀미를 하는지 속이 안 좋다고 한다. 호텔에서 조식으로 챙겨준 두꺼운 치즈가 들어있는 샌드위치는 먹는 둥 마는 둥 하다가 배가 움직이자 결국 토해버렸다. 1층에 공연을 보러 내려간 영주도 멀미했다는데, 옆에 앉은 여자가 계속 토하는 바람에 더 힘들었단다.

약 2시간의 항해 끝에 그리스의 파라다이스라고 하는 이드라 섬에 도착. 차도 없고 높은 건물도 안 보인다. 자동차나 오토바이가 금지된 평온하고 작은 섬에 당나귀 택시들이 손님을 기다리고 있다. 아이들은 푸른 하늘 아래 포근한 날씨와 편안한 느낌을 주는 섬에 내리자 언제 뱃멀미를 했냐 싶은 모습이다. 동주가 당나귀 택시를 타고 싶어 해서 10유로 깎아서 30유로 주고 화성팀 두 명은 당나귀 투어를 시작하고, 금성팀 두 명은 걸어서 보석 상점 쇼핑.

구불구불 돌길이 이어진 마을 안 골목길에는 인적이 드물고 당나귀 발굽소리만 들려왔다. 영주는 하얀 건물에 파란 창문 집을 보더니 산토리니섬에 가보고 싶단다.

이드라 섬을 떠나자마자 전통 공연과 함께 뷔페가 제공되었다. 아이들은 뱃멀미에 적응했는지 맛있게 잘 먹는다. 식사를 끝낼 즈음 배는 포로스 섬에 도착했다. 포로스의 랜드마크인 그리스 국기가 게양된 시계탑 전망대에서 인증사진 찰칵!

넥타리우스 성당

마지막은 피스타치오로 유명한 애기나섬. 한때 아테네, 스파르타와 함께 3대 도시국가로 무역의 중심지였지만, 지금은 피스타치오로만 유명한 섬. 꽤 큰 섬이기 때문에 투어버스를 타고 넥타리우스 성당과 아페아 신전을 둘러보는데 추가 비용을 달라고 한다. 어른 25유로, 동주 13유로. 모두 88유로. 우리 돈 11만 원. 배에서 내리니 거의 폐차 직전인 것 같은 기름 냄새나는 버스가 기다리고 있다.

버스에서 전문가이드가 불어 악센트가 강한 영어로 열심히 설명하고 있다. 곧 조그만 성당 앞에 도착했다. 그리스 정교회 신부인 넥타리우스를 기념하기 위해 지어진 성당인데, 오른손으로 치유의 기적을 일으켜 성인의 반열에 올라서 그리스 사람들은 이곳을 성스럽게 여긴다고 한다. 생전의 유언에 따라 성인의 오른손이 들어있는 관에 손을 얹고 기도하면 치유 받을 수 있다고 한다. 내부는 공사 중. 시간이 촉박한지 서둘러 아페아 신전으로 이동했다.

해발 290m 신전에서 내려다보이는 바다는 2,000년도 훨씬 더 전에 살라미스 해전이 벌어진 곳. 페르시아 전쟁 중 그리스 연합군 함대가 대규모 페르시아 함대를 좁은 해협에서 맞아 물리치면서 그리스가 극적으로 회생하는 살라미스 해전은 이순신 장군의 한산도 대첩에 버금가는 세계 4대 해전 중 하나.

가이드가 아페아 신전에 많은 시간을 할애해서 열심히 설명한다. 아페아 신전은 파르테논 신전, 포세이돈 신전과 함께 정삼각형으로 이루어진 각 꼭짓점을 만든다는 그리스 3대 신전 중 하나이고, 아페아는 태양신 아폴로의 동생이다. 전망이 좋아 멀리 아테네까지 보이니 적의 동태를 파악하기 좋고,

91

아페아 신전(위) 섬 투어 크루즈(아래)

주변 풍경이 좋아 네로 황제의 별장으로 손색이 없을 정도다. 신전 앞 매점에서 피스타치오를 처음 먹어봤는데, 고소하고 짭짤한 것이 맛있다. 빈손으로 오기 아쉬워 기념으로 두 통을 샀다.

애기나 섬을 마지막으로 돌아가는 배를 타려니 벌써 날이 어두워졌다. 에게해의 바람에 일렁이는 불을 밝힌 크루즈 위로 유난히 맑고 흰 지중해의 구름이 그림처럼 피어오른다.

여행객을 배려한 그리스 전통공연을 보는 동안 피레우스 항구에 금방 닿았고, 항구에는 호텔까지 우리를 태워줄 벤츠 택시가 기다리고 있었다. 아이들은 벤츠 택시가 마음에 드나보다. 유럽에서는 벤츠 택시를 흔하게 볼 수 있다.

오늘도 무사히 하루 일정을 마쳐서 안도감이 느껴진다. 아이들은 남은 여행이 시시하게 느껴질 만큼 크루즈여행에 한껏 기분이 들떠서 이렇게 좋은 여행을 하게 해주어 감사하다는 말을 몇 번이나 한다. 그렇게나 만족했다니 오히려 내가 고맙다.

내일모레 아테네를 떠나는 로마행 저가항공을 찾다가 이드림즈 eDreams에서 오전 8시 50분에 출발하는 518유로짜리 비행기를 찾았다. 하지만 너무 이른 아침이라 136유로(우리나라 돈 17만 원) 더 비싸지만, 여유있게 12시 40분에 출발하는 라이언 항공을 예약했다. 654유로.

아이들은 숙소에서 씻으면서도 크루즈 투어 생각이 나는지 아직 둥둥 떠 있는 느낌이란다. 하기야 11시간 동안이나 배를 탔으니 그럴 만도 하다. 다음 여행지에 대한 기대감보다 그리스 여행에 대한 만족감이 더 크게 느껴진단다. 가이드를 기분 좋게 만드는 멋진 말!

실수의 결과는 총 500㎞

2017. 1. 6. (금)

제우스 신전 – 판아테나이코스 경기장 – 리카비토스 언덕 – 데르피산 – 델피 신전(폐장)

제우스 신전

오늘은 신들의 왕 제우스 신전을 시작으로 신전 투어를 하는 날이다. 호텔에 여행객이 많지 않아 조식을 느긋하게 할 수 있어 좋았다. 첫 날 빌린 차를 다시 빌렸더니 할인을 해준다.

제우스 신전은 원래는 기둥이 84개나 될 만큼 웅장했는데, 보존상태가 좋지 않아 기둥이 넘어진 채로 방치된 것이 많았고, 현재는 15개 정도만 남아 있었다. 그러나 신전의 규모가 다른 신전과는 비교할 수 없을 정도로 크다. 제우스 신전 바로 뒤에 어제 갔던 아크로폴리스가 친숙하게 느껴진다.

※ 제우스의 아내 헤라 신전은 올림픽 성화의 불을 붙이는 곳인데, 지난 2017년 10월 24일 평창 동계올림픽의 시작을 알리는 성화를 채화하여 그리스에서 7일간 달린 후, 11월 1일 인천 공항에 도착하였고 전국을 달려서 평창에서 점화했다.

리카비토스 언덕으로 가다가 근대 올림픽 경기장으로 불리는 판아테나이코스 경기장을 만났다. 이곳에서 1896년 제1회 근대 올림픽이 개최됐단다. 기념으로 사진책 한 권 구매.

리카비토스 언덕으로 차를 몰았다. 좁은 골목길을 누비며 올라가는 드라이브 코스가 제법 운치가 있다. 평지로 이루어진 아테네 시내에서는 가장 높은 곳이다. 하필 오늘 무슨 종교행사가 있는지 경찰들이 리카비토스로 가는 길을 통제하는 바람에 30분 정도 기다려야 했다. 오늘 델피의 아폴론 신전을 갔다 와야 하는데.

언덕 정상에 주차하고 아테네 시내를 내려다보니 멀리에 지평선이 보이고 가까이는 아크로폴리스도 보인다. 아테네 전경이 한눈에 다 들어온다. 하얀색의 그리스정교회 성당에서 초에 불을 붙여 우리 가족의 건강을 빌어본다.

판아테나이코스 경기장(위) 리카비토스 언덕(아래)

리카비토스 언덕에서 내려다보는 아테네의 야경이 멋지다고 하는데 아테네에서의 여행 일정도 마무리할 때가 되어간다. 미처 다 보지 못한 아쉬움은 다음을 기약하고 마음을 떨치고 일어섰다.

구글맵을 켜고 아테네에서 북서쪽으로 180km쯤에 위치한 파르나소스 산의 델피신전을 향해 달렸다. 델피는 고대 그리스인들에게는 태양신 아폴론의 신탁이 내려오는 곳이고, 땅의 배꼽 옴팔로스가 놓여있던 장소이다.

두 시간을 달렸는데 험준한 산이 앞을 가로막아 마음이 초조했다. 그리스 날씨에 어울리지 않게 눈보라가 휘몰아치고 자꾸만 깊은 산 속으로 들어가는 느낌이었다. 알고 보니 구글맵 음성기능을 쓰다 보니 델피와 발음이 비슷한 데르피산으로 인식하는 바람에 한 시간 정도나 반대로 달려온 것이다. 기왕 이렇게 되었으니 허리까지 눈이 쌓인 절경 속에서 눈싸움도 하고, 기념사진도 찍고 나서 다시 방향을 잡았다.

델피 신전에 도착하니 철문은 벌써 굳게 닫혔다. 철문 너머로 보이는 파르나소스산의 가파른 경사면에 터와 기둥만 남은 신전이 보였다. 옛 영화는 간데없고 흔적만 남은 황성옛터의 쓸쓸한 느낌이라고나 할까.

허탈하니까 모두 배가 고프다. 금강산도 식후경. 근처 식당에 들어가니 옆 테이블에서 먹고 있는 프렌치프라이와 스테이크가 푸짐하고 맛있어 보여서 같은 거로 달라고 했다. 메뉴도 영수증도 그리스어로 되어 있어 우리가 먹은 음식 이름이 뭔지 아직도 모르겠다.

시끄러운 현지인들 속에 섞여 배부르게 먹었다. 눈발이 계속 날린다. 밥을 먹고 나니 추위가 조금 가셨다. 주변을 구경하다가 영주는 가방에 달고 다니

데르피산에서

는 털로 만든 고리를 하나 발견. 평소에 사고 싶어 했는데 가격이 싸다며 샀다. 요즘도 가방에 달고 다닌다. 약국이 보여서 배탈약과 클렌징폼을 샀는데 한국보다 훨씬 싸다. 주변에 스키장이 있는지 스키복을 입은 사람들이 간간이 보인다. 눈길 운전은 부담스럽다. 눈이 많이 내리기 전에 아테네로 차를 몰았다. 구글맵으로 200km를 돌아간다. 어제는 원데이 크루즈로 11시간 동안 배를 탔는데 오늘은 길을 헤맨 덕분에 온종일 500km 이상 달린 것 같다.

그리스 신화에서 델피는 세계의 중심이다. 올림푸스 산에 사는 신들에게서 내려온 신탁을 받는 곳이자 신과 인간을 연결하는 곳이라는 의미가 있다. 제우스가 '옴파로스'라는 돌로 세계의 중심을 표시했고, 그 주위에 지어진 신전이 아폴론 신전이다. 옴파로스라는 돌이 실제로 발굴되었다는데, 도난당하는 바람에 지금은 모조품이 놓여있다고 한다. 길만 헤매지 않았더라면 비록 모조품이지만 옴파로스를 한번 만져보고 싶었는데 아쉬움이 남는다.

델피 가는 길에 시간에 쫓겨 속도를 좀 냈더니 돌아오는 길에 차가 좀 이상하다. 엑셀을 밟아도 속도가 잘 나지 않는다. 호텔까지는 별일 없이 가야 할 텐데. 중간에 차에 문제가 생기면 우리나라처럼 사고접수만 하면 될까. 숙소까지는 어떻게 가야 하나. 고장 난 렌터카 때문에 전체 일정이 틀어져 버리면 안 되는데. 상상하기 싫은 장면을 자꾸 상상한다. 그동안 애마역할을 잘 했는데, 아테네를 떠나기 싫은 우리 마음을 알고 슬퍼하는 것일까.

그리스에서 보내는 마지막 날이라 아쉬웠다. 집을 떠나 낯선 유럽여행 길에 올랐는데, 벌써 계획한 일정의 3분의 1이 지났다. 여러 가지 사정이 생겨 일정이 바뀌는 바람에 가보려고 했던 곳 중에서 다음을 기약한 곳도 많아진다. 그에 따라 계획을 재정비하는 속도도 빨라진다.

내일은 아테네를 떠나 로마로 간다. 틈을 내어 이탈리아 마지막 일정인 밀라노에서 바르셀로나로 가는 1월 13일 항공편을 검색하다가 제일 가격이 싼 이지젯easyJet을 예약했다. 220유로. 아테네에서 로마로 가는 비행기 삯의 3분의 1밖에 되지 않는다. 로마에 갈 때 일정을 조정해서 평일 비행기를 탔더라면 아낄 수 있었던 경비를 주말 비행기를 예약하는 바람에 3배나 더 비싸게 주고 비행기를 타게 되었던 것이다.

델피 신전 인근 레스토랑

- 그리스 신전 중에서 가장 큰 제우스 신전의 입장료는 4유로. 입장 시간은 하계 08:00~19:30, 동계 08:00~17:00이다.
- 그리스에서 야경을 감상하고 싶다면, 필로파포스와 아테네에서 가장 높은 산 리카비토스 언덕을 추천.
- 델피 신전 입장료는 박물관 포함 12유로로, 겨울에는 6유로이다. 09:00~16:00 운영.

이탈리아
ITALIA

로마 Roma

피렌체 Firenze

피사 Pisa

밀라노 Milano

팍스타운 Fox Town

베로나 Verona

스위스

● 베로나

● 팍스타운
● 밀라노

● 피사
● 피렌체

● 로마

이탈리아

아테네에서 로마로

2017. 1. 7. (토)

아테네 국제공항 – 로마피우미치노 공항 – 숙소

오아시스 호텔 앞 포세이돈 상

호텔 직원이 아주 친절하다. 아테네에 도착한 첫날부터 떠나는 오늘까지 최선을 다해 도와주려고 한다. 호텔 풀장이 있어서 성수기인 8월에서 10월에 온다면 꼭 추천하고 싶은 호텔이다.

오늘은 로마 가는 날. 아침 일찍 조식을 챙겨 먹고 서둘러 공항버스를 탔다. 호텔 바로 앞에 공항리무진 정류장이 있어서 좋았다.

라이언에어 Ryan Air라는 저가항공사라 수하물 비용을 아끼려고 미리 짐을 분산해서 가방 무게도 조정하고, 공항에서 셀프 기계로 체크인하고 나니 시간이 많이 남았다. 백문이 불여일견. 아테네로 올 때 에게항공 발권하면서 아픈 경험을 해 봤더니 이제 식은 죽 먹기다. 외국여행을 할 때는 이동 시간을 최소화하는 것이 제일 중요하고, 또 제일 어려운 것 일인 것 같다.

로마 공항에 도착하자마자 차를 빌렸다. 차는 포드였다. 차를 빌릴 때 렌탈카스닷컴 Rentalcars.com 같은 가격비교 사이트를 통하면 나중에 보험처리도 피곤하고, 보증금을 요구하기 때문에 렌터카 회사에서 직접 빌리는 것이 좋다. 헤르즈 Hertz 같은 글로벌브랜드 업체보다 로컬업체가 저렴하기 때문에 풀커버 보험에 다른 지역 반납 조건으로 골드카 Goldcar를 선택했다. 아내하고 교대로 운전하기 위해서 조금 비싸지만 오토매틱으로 빌렸다. 하긴 나도 수동을 안 몰아본 지 오래되기도 하고, 피곤한 여행길에 조금이라도 편하게 운전하려면 오토매틱을 선택하는 것이 당연했다.

이탈리아 일정을 마치고 스페인 바르셀로나로 가기 전 다른 지역에서 차를 반납하는 조건으로 차를 빌렸기 때문에 로마에서 렌트한 차를 밀라노 말펜사 공항에서 렌터카를 반납했다. 바르셀로나에 도착한 1월 13일 골드카에서 보

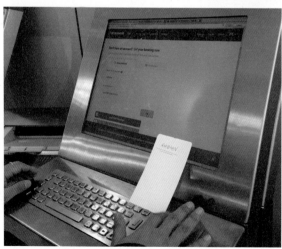

아테네에서 로마로

내온 황당한 메일을 받고 앞으로 해외에서 차를 빌릴 때는 골드카와는 거래하지 않을 생각이다. 자세한 내용은 1월 13일을 참조 바람.

포드는 그리스에서 타고 다녔던 닛산보다 실내 공간이 넓어서 아이들이 더 좋아한다. 무엇보다도 캐리어가 트렁크에 들어가고도 충분했다. 핸들이 묵직해서 운전하는 감도 좋았다. 물론 순간 가속도 좋았고. 직원도 친절했다.

로마는 유적지가 많고 옛 도로가 많아서 거주자 차량이나 사전 신청을 해서 허가를 받은 차량을 제외하고는 진입을 막는 경우가 있다. 그 표시가 빨간색 동그라미 표지판 ZTL인데 이걸 무조건 조심하라고 한다. 위반하면 범칙금이 세다고. 이탈리아 전역, 유적지가 있는 곳엔 여지없이 ZTL이 있다.

로마에 도착해 짐을 풀고 나서 첫 일정으로 화산폭발로 폐허가 된 폼페이를 먼저 가기로 했는데, 폼페이는 렌터카 도난이 잦고 도난 보험 적용이 안 된다고 한다. 아이들에게 꼭 보여주고 싶었는데 이런 말도 안 되는 이유로 못 간다는 것이 혼란스러웠다. 그러나 어쩌랴. 너무 아쉬웠지만 폼페이는 포기!

폼페이는 서기 79년 8월 24일 베수비오 화산폭발로 하루아침에 잿더미로 변했던 로마의 고대 도시인데, 우리나라로 치면 임진왜란이 발발한 때인 1592년에 우물을 파던 한 농부가 우연히 발견했다고 한다.

인간 화석을 보여주며 시작하는 폴 앤더슨이 연출한 영화 〈폼페이 최후의 날〉은 영화 〈글래디에이터〉를 연상케 하는 검투사들의 액션과 신분을 뛰어넘은 순애보를 보여준다. 서로 껴안은 채 죽음의 순간을 함께한 연인이 1000년 후에 인간 화석으로 돌아와 그들의 사랑을 짐작하게 하는 영화다. 렌터카 도둑님들 때문에 폼페이를 아이들에게 직접 보여주지 못해서 너무 아쉬웠다.

로마에서의 첫 식사

108

숙소는 에어비앤비 Airbnb에서 볼 때는 멋진 성처럼 생긴 호텔인 줄 알았는데 도착하고 보니 외부인에게 주차가 허용되지 않는 아파트였다. 부득이 인근 주거지 주차장에 주차했다. 2박 3일 숙박비는 293유로. 로마는 비싸다.

아테네는 표지판이 모두 그리스어로만 되어 있더니 로마는 이탈리아어로만 되어 있다. 부득이 지나가는 사람들에게 물어보니 그중에 한 명은 꼭 친절하게 설명해준다. 주차선 색에 따라 거주자, 방문자, 사업용으로 표시하고, 정해진 시간과 요일을 알아보고 주차를 해야 한단다. 오늘은 토요일이라서 주차비가 무료란다. 참고로 유럽은 주차비가 선불이라는 사실. 만약 미리 지급한 시간보다 더 오래 주차하면 다시 가서 추가 요금을 부담해야 한다. 그렇게 하지 않으면 견인될 수도 있어서 유럽, 특히 로마에 체류하는 내내 시간 가늠이 어려워 몇 시간 주차를 끊을 건지 고민거리였다.

숙소에 짐을 풀고 저녁을 먹으러 나갔더니 모든 식당이 브레이크 타임이다. 날씨도 춥고, 시간이 어중간해서 아직 점심도 못 먹었는데, 아이들이 배고프다고 투정을 부리지는 않는다. 가이드가 손님을 잘 만난 것 같다.

식당은 브레이크 타임이 있어서 저녁 재료준비를 위해 잠시 문을 닫는다는 것을 미리 알고는 왔지만, 여행자에게는 불편한 문화다. 그러나 맛집을 포기한다면 조금 일찍 오픈한 식당도 있는 법. 맛집이고 뭐고 가릴 것 없이 춥고 배고파하는 아이들과 영업 중인 레스토랑에서 스테이크와 카르보나라를 맛있게 먹었다. 감자는 소금에 절인 듯 짰지만, 웨이터가 친절했다. 48유로. 점심을 먹고 나오니 바로 한 블록 위에 있는 지하 식당이 맛집인지 브레이크 타임이 끝나기를 기다리는 줄이 길게 늘어서 있다. 다음 식사는 거기에서 하려

이탈리아

고 했는데 일정을 맞추지 못해서 다시 가지 못했다.

숙소가 아파트라 조식은 직접 해 먹어야 한다. 주인이 냉장고에 기본 음식을 조금 비치해 놨지만, 인근 마트에서 물과 달걀 등 생필품을 좀 샀다. 75유로. 물론 와인도 한 병. 오늘부터는 이탈리아 와인이다. 이탈리아 와인은 일조량이 많아 당도가 높고 신맛이 약한 특징이 있다고 하는데 그 맛을 알 수 있으려나 모르겠다.

그리스에서는 호텔 옆 마트에서 산 그리스 와인을 조금씩 마셨다. 3유로짜리 페트병에 든 와인이지만 그런대로 맛이 괜찮았다. 그리스어로 표기되어 있어서 와인 이름은 아직도 모르겠지만. 알고 보니 그리스도 터키의 지배를 받기 전에는 와인의 전성기를 누렸다고 한다. 15세기 터키의 지배를 받으면서 쇠퇴하기 시작하다가 발칸전쟁과 제1차 세계대전 이후 겨우 명맥만 유지해오는 수준이었다고 한다. 유일한 돈벌이인 문화유산을 활용한 관광산업 말고 새로운 성장동력으로 찾은 산업이 와인 사업인데 최근에는 세계 13위의 와인 생산국가로 발전했다고 한다.

여행 일정을 그때그때 유연하게 잡으려고 다음 일정이 3일 정도 남았을 때 호텔과 항공권을 예약하고 있다. 가족들이 자는 늦은 시간이나 다음날 일찍 일어나서 스마트폰 앱으로 저렴한 것을 검색해서 예약하는데, 반주로 한 잔씩 하는 와인이 몸에 활력을 주는 것 같다. 평소 와인을 별로 즐기지 않는데 이번 유럽여행을 통해 와인 마니아가 될 것 같다.

그리스는 서울과 같은 위도인 37도 58분인데 로마의 위도는 41도 53분. 아테네와 달리 로마는 상당히 춥다.

안식을 위한 기도

2017. 1. 8. (일)

산 칼리스토 카타콤 – 쿼바디스 성당 – 콜로세움 – 스페인 광장 – 콘도티 거리

산 칼리스토 카타콤에서

산 칼리스토 카타콤에서

오늘의 첫 일정으로 지하납골당인 카타콤을 먼저 가 보기로 했다. 카타콤은 '안식처'라는 뜻이다.

차를 몰고 숙소가 있는 골목길을 빠져나오자마자 바로 앞에 라테라노 대성당이 위용을 자랑한다. 성 피에트로 대성당, 마조레 대성당과 함께 로마 3대 성당 중 하나로, 세계 최초의 성당인데 로마교구 주교좌 성당이다. 로마교구의 주교가 교황이기 때문에 교황성당이라고 생각하면 이해가 쉬울 듯. 콘클라베를 통해 교황이 선출되면 이곳을 먼저 방문해 교황좌에 앉는 의식을 거행하는 이유가 바로 교황좌 성당이기 때문이다. 지진으로 인해 무너져서 다시 지어졌다고는 하지만, 오랜 세월을 견딘 성당치고는 외관이 너무 깨끗하다.

지금은 교황이 바티칸에 있지만 '아비뇽 유수' 전까지 교황이 머물던 곳. 307년 아비뇽 유수 이후 라테라노 대성당은 방치되었다고 한다. 아비뇽 유수는 요즘 우리나라에서도 핫이슈가 되고 있는 성직자에 대한 과세문제로, 프랑스 국왕 필립 4세와 교황이 대립하게 되면서 시작되었다. 십자군 전쟁이 실패하는 바람에 이를 주도했던 교황의 권위가 추락하게 되면서 세속권력에 교황이 무릎을 꿇게 된 사건이다.

우여곡절 끝에 프랑스 국왕의 입김으로 새로 선출된 교황 클레멘스 5세가 국왕의 볼모가 되어 70년 동안 교황청이 있는 로마로 돌아가지 못하고 프랑스 남부지방 아비뇽에 머물게 되는데 세속의 국왕이 교황에게 굴복한 '카놋사'의 굴욕 이후 200년 만에 이번에는 거꾸로 교황이 국왕에게 굴욕을 당하게 된 것이다. 성당 전면 윗부분에 거대한 12사도 석상이 너무 멋있다.

카타콤은 12시부터 오후 2시까지는 문을 열지 않기 때문에 일찍 차를 몰았다. 이탈리아는 식당도 브레이크 타임이 있는데 카타콤도 점심시간으로 두 시간이나 브레이크 타임을 갖는 것 같다. 구글맵으로 10분 거리인 산 칼리스토 카타콤에 도착했다.

초기 기독교인들은 성 안에 묘지를 만들 수 없었기 때문에 성 밖에 생긴 것이 카타콤이라고 한다. 카타콤은 로마 여러 곳에 있는데, 그 길이를 다 합하면 900여km라고 한다. 서울부산 왕복 거리보다 더 길다. 그중 산 칼리스토는 길이가 약 20km이고 여기에 묻힌 기독교인만 50만 명에 달한다고 한다. 보존이 잘 되어 있는데, 그리스도 교인들만 있고 교황들이 많이 묻혀있다고 한다.

입장료(성인 8유로, 청소년 5유로)를 내고 기다리는데, 원래는 한국인 가이드가 있는데 오늘은 어렵다고 한다. 우리 가족 전담 영어 가이드와 함께 서늘한 지하 공동묘지 카타콤으로 내려갔다. 동주는 겁이 나는 모양인지 내 곁에 바짝 붙었다. 사실 지하 무덤에 들어가는 것이라 누구든지 무서운 게 당연하다. 더군다나 중간 중간 시신이 누워있었을 자리들이 비어있는 데다가 지하의 서늘한 기온까지 더해져서 무서웠을 텐데 끝까지 따라온 것만 해도 대단하다.

지하 4층까지 발굴했는데 길이 미로처럼 되어 있어 잘못하면 길을 잃어버릴 수도 있겠다는 생각이 든다. 내부는 사진 촬영을 금지하고 있다. 절대 만지지 말라는 안내문에도 사람들이 손을 대기 때문인지 몇 군데는 유리로 막아 놓은 곳도 있다. 카타콤에 온 기념으로 묵주반지와 기념품을 몇 점 샀다.

쿼바디스 성당

쿼바디스 성당의 예수님 발자국

바로 길 건너편에는 쿼바디스 성당이 있다. 예수님이 잡히시던 날 밤, 닭이 울기 전 베드로가 세 번이나 예수님을 모른다고 할 것이라는 예언이 이루어졌다. 박해를 피해 로마의 옛길 아피아가도를 따라 도망가던 베드로가 십자가를 진 예수님을 만나 "쿼바디스 도미니'라고 묻는다. 이 말은 "주여 어디로 가시나이까"라는 유명한 말인데 베드로 대신 십자가를 지러 간다는 예수님의 대답에 베드로가 순교를 결심하게 되고, 십자가에 거꾸로 매달려 순교한다. 쿼바디스 성당은 베드로가 예수님을 만났던 바로 그 자리에 세운 성당이다. 성당 안에는 그때 남겼던 예수님의 발자국이 있어 유명한 곳이기도 하다. 우리 아이들은 성당 안에서 무슨 기도를 했을까? 부디 모든 것에 감사할 줄 아는 겸손한 사람이 되길 빌어본다.

콜로세움으로 차를 몰았다. 어제저녁 숙소로 가는 길에 본 콜로세움의 야경은 참 운치가 있었다. 내부를 둘러보려고 표를 사서 콜로세움 안으로 들어갔다. 고대 로마에서 건축되었다고 하기에는 너무 거대하다. 밖에서 볼 때와는 또 다른 웅장하고 정교한 느낌이 든다.

우리말 오디오 가이드가 없어서 돈을 아끼려고 영주 꺼 하나만 빌려서 쓰게 하고 설명해달라고 했더니 부담이 된 모양이다. 동주에게 콜로세움 조각상을 기념으로 사주었다. 기념품의 운명은 다 같은지 동주 방 장식장 안에서 먼지만 뒤집어 쓴 채 처박혀 있다.

금강산도 식후경. 콜로세움 인근 야외식당에서 히터로 언 몸을 녹이며 피자와 파스타로 배를 채웠다. 주문을 잘못했는지 피자가 1인당 한 판씩 나왔다. 결국 다 먹지 못하고 싸 왔다.

콜로세움

콜로세움에 가면서 이면도로에 차를 주차했는데 누군가가 오른쪽 범퍼를 치고 그냥 가버렸다. 렌트를 하면서 걱정하던 사고가 난 것이다. 일단 보험회사에 사고를 접수하였다. 풀 커버 보험이라 타고 다니는 데 문제가 없으면 그냥 타고 다니다가 그 상태로 반납하면 된단다. 다행이다. 물건을 모르면 돈을 더 주라는 조상들의 지혜가 차를 렌트할 때도 여지없이 적용되네.

핸드폰으로 사진을 많이 찍다 보니 저장 공간이 벌써 부족하다. 메모리를 업그레이드하거나 USB를 사서 사진을 다운받으려고 인근 마트에 갔으나 허탕. 영주는 키코 립스틱을 색깔별로 한 개씩 두 개 득템. 한국 로드샵 제품인데 가성비가 좋은 인기 제품이라고 한다.

스페인 광장과 트레비 분수 쪽으로 차를 몰았다. 17세기에 스페인 대사관이 들어서면서 스페인 광장으로 불린다고 한다. 영화 〈로마의 휴일〉에서 오드리 헵번이 계단에서 젤라토를 먹는 장면을 따라 하다가 많은 여행객들이 아이스크림을 흘리는 바람에 계단에서 음식물 섭취를 금지한다는 안내판이 세워져 있다. 어차피 이탈리아에 왔으니 젤라토를 사 먹을 사람은 사 먹을 건데 왠지 노이즈 마케팅 냄새가 나는 건 나만의 생각인가?

인증사진을 몇 장 찍고, 온갖 종류의 명품이 다 있는 맞은편 골목 콘도티 거리로 들어가 본다. 트레비 분수는 돌아서서 동전을 한 번 던지면 로마를 다시 방문할 수 있고, 두 번 던지면 연인과의 소원이 이루어진다는 속설이 있다. 많은 사람이 분수에 동전을 던져 넣는데 동전 수입이 연 100만 유로, 우리 돈으로 13억 원이나 된단다. 지금까지는 동전을 수거해서 자선단체에 기부했는데, 2018년부터는 부족한 로마시의 재정에 보태기로 했다는 씁쓸한 이야기도 들린다.

　아이들은 동전을 던져 넣으며 무슨 소원을 빌었을까? 영주는 지난 번 외사촌과 유럽여행을 왔는데, 그때 동전 한 개를 던져 넣어서 이번에 오게 된 것 같다고 또 한 개를 던져 넣었다. 맨날 로마에만 올 게 아니라 사랑하는 사람을 만나려면 동전 2개를 던져 넣어야 하는지 모르는 모양이다. 분수 한가운데 있는 조각상은 바다의 신 포세이돈인데, 그의 아들 트리톤이 나팔을 불면서 두 마리 말을 끌고 있는 모습이다.

　일정을 마치고 숙소로 돌아가는데, 교황이 위급할 때 피신하는 천사의 성인 산탄젤로 성의 야경이 멋지다. 영화 〈천사와 악마〉에서 추기경들을 가두어 두었던 곳으로 유명한데, 바티칸과 비밀통로로 연결되어 있다. 대천사 미

트레비 분수에서 두 번째 동전(좌) 바르카차 분수에서(우)

카엘이 지붕 테라스에서 테베레강을 내려다보고 있다. 로마 건국 신화에 나오는 로물루스와 레무스 형제가 버려진 곳이 바로 테베레강이고, 그들이 자라서 강 하류에 도시를 세웠는데, 로물루스의 이름을 따서 로마라는 이름이 지어졌다고 한다.

바티칸 내부는 내일 둘러보기로 하고 낮에 과식하는 바람에 오랜만에 한국에서 가져온 라면으로 저녁을 간단히 해결.

스페인 광장 계단

- 카타콤은 가이드와 동행해야 하고, 내부 사진촬영은 절대 금지.
- 콜로세움+포로 로마노+팔라티노 언덕 통합 입장권은 12유로. 예약권은 2유로가 추가되고 현장 구매는 카드결제만 가능. 첫째 일요일은 콜로세움 무료. 관람시간은 08:30~16:30 이고, 1시간 전에 입장 마감. 2층-1층 순서로 관람하기를 추천.
- 콜로세움 2층 테라스에서 콘스탄티누스 개선문과 사진 찍는 것을 추천.

로마의 과거를 만나다

2017. 1. 9. (월)

대전차경기장 – 진실의 입 – 캄피돌리오 광장 – 바티칸 박물관 –
성 피에트로 대성당(성 베드로 대성당)

진실의 입

가족들을 일찍 깨웠다. 달걀부침 몇 개 부쳐서 샌드위치를 만들어 먹이고 서둘러 바티칸으로 향했다. 제법 빡빡한 일정인데 잘 따라와 주는 동주가 대견하다.

바티칸 인근에 주차하고 12시 30분까지 두 시간 주차 티켓을 끊었다. 이른 시간이라 별로 기다리지 않고 박물관에 입장했는데, 안내문에 성 피에트로 성당을 9시 30분부터 통제하여 오후 1시에 개방한다고 한다. 일정에 차질이 생겼다. 1시에 다시 오기로 하고 인근 대전차경기장, 진실의 입, 포로로마나, 캄피돌리오 언덕을 먼저 둘러보기로 했다. 내 주차비는 누가 돌려주노.

팔라티노 언덕에 주차하고 대전차경기장을 내려다본다. 영화 〈벤허〉의 대전차 경기 장면을 찍었던 곳인데, 지금은 아무런 흔적도 없는 운동장 같은 허허벌판이다. 대전차경기장 길 가로수는 윗부분이 넓은 소나무인데 우산을 닮았다. 소나무 이름을 들었는데 기억이 안 난다. 1000년 로마제국의 흥망성쇠를 보여주는 현장이라고 할까?

차를 타고 '진실의 입'으로 향했다. 주차요원이 영수증도 없이 10유로를 달라고 한다. 사진만 찍고 금방 온다고 5유로를 주었더니 오케이. 주차요금은 누구 주머니에 들어갈까.

이제는 오래된 영화인 〈로마의 휴일〉의 위력을 실감하게 할 만큼 '진실의 입' 앞에는 이른 시간인데도 사람들이 줄을 서서 기다리고 있다. 우리 가족 인증 사진을 찍고 자리를 내주었다. '진실의 입'이란 이름은 중세 때 사람을 심문할 때 손을 넣고 진실을 말하지 않으면 손이 잘릴 것을 서약하게 한 데서

대전차경기장(위) 캄피돌리오 광장(아래)

유래했다고 한다. 영주는 손을 넣으면서 긴장이 된다고 하는데, 옛날에 가축 시장의 하수도 뚜껑으로 사용되었다는 사실을 아는지 모르겠다.

영주뿐만 아니라 사진 찍는 사람 중에는 재미있어하면서도 손이 잘린다는 말에 부담스러운 표정을 짓는 사람이 제법 있다. 어떤 사물에 이름을 붙이면 이름에 걸맞은 힘이 생기는 법이다. 그래서 도덕경을 쓴 노자는 도덕경의 첫 문장에서 설명의 편의를 위해 '도'라는 이름을 임시로 붙였기 때문에, 꼭 '도'라고 부를 필요는 없다고 이름에 구속받지 말기를 바랐는지 모르겠다.

포로로마나. '포로'는 광장이라는 뜻으로, 해석하면 로마광장. 대전차경기장과 붙어 있어 굳이 들어가지 않아도 다 보이기도 하고, 아내가 아직 걷기 힘들어서 차를 타고 드라이브하면서 구경했다. 포로로마나는 폐허가 되어버렸지만, 사실은 로마의 정치, 경제, 행정의 1번지였다. 티투스 개선문도 있고 시저의 묘도 있는. 천 년 후 폐허가 되어버린 서울의 강남을 둘러보는 느낌이 이럴까.

문득 노래 〈황성 옛터〉가 흥얼거려진다. 폐허가 되어버린 개성의 고려 왕궁터를 무심하게 비추는 달빛을 보고 작곡했다는 노래. 80년 전 일제강점기에 5만 장의 레코드가 팔렸다는 전설적인 노래. 이 노래를 부른 가수 이애리수가 2017년까지 생존해 있다가 99세의 나이로 타계해서 진짜 전설이 되었다는 소식을 들었다. 참으로 인생무상이다.

캄피돌리오 광장으로 올라가는 코르도나타 계단은 일반 계단보다 폭이 훨씬 넓고 위로 올라갈수록 넓게 만들어져 있어, 아래에서 보면 마치 두 개의 평행선을 그리듯 배치되어 안정감을 느끼도록 설계한 것으로 유명하다. 계단

바티칸 박물관

을 오르고 나면 만나게 되는 로물루스 형제의 두상을 그 시대에 맞지 않게 크게 한 것도 계단의 총거리가 훨씬 짧아 보이게 하는 효과를 위해서라고 한다. 특히 말들은 시야가 좁아지면 두려워하기 때문에 아래쪽 계단폭을 9m, 위쪽 계단폭을 12m로 만든 것도 이유 중의 하나라고 한다. 이 모든 장치를 미켈란젤로가 설계했다는 사실.

계단 위 캄피돌리오 광장은 고대 로마의 일곱 개 언덕 중 하나인 캄피돌리오 언덕에 있는 광장을 말한다. 광장 중앙에는 로마의 현제인 마르쿠스 아우렐리우스의 기마상이 있고, 정면에 보이는 건물이 현재 시청이고, 양옆의 궁은 미술관으로 활용하고 있다.

서둘러 바티칸으로 차를 몰았다. 바티칸의 방어는 로마가 함락되었을 때도 끝까지 교황을 지켰던 스위스 용병에게만 맡긴다. 근위병이 되기 위해서는 스위스 국적에 신장 174cm이상의 19~30세 미혼남성으로, 전과가 없어야 한다.

바티칸 박물관에서 오디오 가이드를 2개 빌리고 나서 일단 구내식당에서 점심을 해결하고 본격적으로 투어를 시작했다. 그리고 보니 이번 여행을 하면서 구경하느라 점심을 느긋하게 잘 챙겨 먹은 기억이 별로 없는 것 같다.

미켈란젤로의 〈피에타〉, 시스타나 예배당의 천장화인 〈천지창조〉와 〈최후의 심판〉을 비롯한 작품들에 아이들도 많은 감동을 한 모양이다.

성 베드로 대성당으로 연결되는 길을 막아 놨다. 급히 차를 타고 이동해야 했다. 광장에는 아직까지 성탄절 구유가 그대로 있었고, 그 앞에서 여행객들이 경배를 드리고 있는 모습이 자못 경건해 보인다.

성 피에트로 대성당의 성 베드로 청동상

성 피에트로 대성당, 혹은 성 베드로 대성당. 네로황제 때 십자가에 거꾸로 매달려 순교한 초대 교황 성 베드로의 무덤 위에 그리스도교를 공인한 콘스탄티누스 대제가 세운 성당이다. 모자라는 공사비를 조달하기 위해 면죄부를 발행하는 등 종교개혁의 빌미를 제공하기도 했지만, 로마 가톨릭 건물 중 가장 신성한 곳으로 여겨지는 성당이다.

성당 안으로 들어서는 순간 예술작품 전시장에 들어온 것 같은 기분이 든다. 안쪽 중앙에는 제대를 덮고 있는 거대한 청동 발다키노가 보인다. 베르니니가 만든 20m에 달하는 4개의 나선형으로 된 기둥과 청동 덮개를 발다키노라고 하는데 미사를 올리는 제단이자 성 베드로의 무덤 덮개 역할을 한다고 한다.

그 자리에서 오른쪽으로 고개를 돌리면 피에타상이 보인다. 피에타는 '자비를 베푸소서'라는 뜻으로 십자가에 매달려 숨을 거둔 아들 예수를 성모 마리아가 품에 안고 비통해하는 모습을 묘사한 작품이다. 미켈란젤로가 작품에 서명한 유일한 작품이라고 한다. 1972년 한 정신이상자가 조각상을 훼손한 후부터 유리로 보호하고 있다.

지하 무덤 출구 앞에 있는 성 베드로 청동상 오른발에 입을 맞추며 기도하는 전통 때문에 오른쪽 발가락은 거의 닳아 있다. 우리 가족도 손을 얹어 각자 원하는 것을 청했다.

돔으로 된 성당 지붕을 쿠폴라라고 한다. 엘리베이터를 타고 성 베드로 대성당의 쿠폴라에 올라가 보면 천국 문을 여는 열쇠 모양을 한 바티칸의 전경을 볼 수 있는데, 시간을 놓쳐 아이들에게 직접 보여주지 못한 것은 아쉬움으로 남는다. 엘리베이터 이용료는 8유로.

성 피에트로 대성당(위) 피에타상(아래)

바티칸 야경을 보고 돌아가는데 광장에 거지가 너무 많다. 어쩌면 바티칸이기 때문에 거지가 더 많은 것이 당연한지도 모르겠지만.

내일은 피렌체로 간다. 피렌체에서는 하루만 묵을 예정인데, 어제 호텔트레블닷컴 HotelTravel.com에 올라온 호텔을 예약했다. 우리나라 돈으로 조식 포함 15만 원.

영주 & 동주가
알려주는
소소한 Tip

- 로마 '진실의 입'은 09:30~17:00까지지만 오후 5시 전에 문을 닫는 경우가 많다. 성당 내부관람 시간은 09:00~13:00, 14:30~18:00.
- 바티칸 박물관 입장료는 17유로. 인터넷 예매는 12유로이다. 시스티나 대성당 사진촬영은 절대 금지. 사진 촬영이 가능한 곳도 플래쉬는 금지. 매달 마지막 일요일은 무료입장이고 09:00~14:00로 단축 영업. 이를 제외한 일요일은 휴관, 영업시간은 09:00~18:00까지지만 마지막 입장은 오후 4시.
- 바티칸 박물관과 성 베드로 성당은 연결되어 있지 않다.

눈높이를 올리기는 쉬워도 낮추는 것은 어렵다

2017. 1. 10. (화)

미켈란젤로 언덕 – 피렌체 더 몰 아울렛 – 마트 COOP

고속도로 휴게소에서 판매 중인 껌

로마 숙소에서 피렌체 호텔까지 구글맵으로 270km. 2시간 30여 분. 휴게소에서 한 번만 쉬더라도 3시간 이상 잡아야 할 것 같다.

차를 움직이자마자 동주는 속이 메스꺼워 창문을 내리고 싶어 하는데, 옆에 앉은 영주는 추워서 유럽여행 중 처음으로 다툼. 여행을 계속 하다보면 아무리 재미있어도 자신도 모르게 피로가 누적되어 아무 것도 아닌 일에도 참지 못하고 화가 나는 법. 기분 전환을 할 겸 첫 번째 고속도로 휴게소에서 차를 세웠다. 초콜릿, 와인, 테니스공 모양의 껌을 기념으로 사고, 아이들이 한국에서 즐겨 사 먹던 과자 '로커'는 미니사이즈인데 여기는 큰 사이즈라서 몇 개 더 사고 다시 출발. 조금 전까지 냉랭하던 아이들 분위기가 어느새 장난치고 웃는 모드로 급변경. 고속도로에서 아내와 교대로 운전하다보니 피렌체 도착.

영어로는 플로렌스, 꽃피는 마을. 메디치 가문의 후원으로 르네상스를 꽃피운 도시. 미켈란젤로, 단테, 레오나르도 다빈치가 이곳 피렌체 출신. 호텔 체크인 시간 전이라 짐을 프런트에 맡기고 다비드상이 있는 미켈란젤로 언덕으로 차를 몰았다. 다비드상을 배경으로 한 컷하고 나서 그 자리에서 돌아서서 두오모 성당과 베키오 다리가 보이는 피렌체 시내를 배경으로 인증사진을 찍은 후 피렌체 더 몰 아울렛으로 출발. 더 몰은 아주 저렴한 가격으로 명품을 살 수 있는 곳으로 유명해서 한국이나 중국에서 온 관광객들이 시간을 내서 가는 곳으로 유명한 곳. 구글맵으로 알아보니 미켈란젤로 언덕에서 30분 거리. 미켈란젤로 언덕 야경이 좋다고 하는데, 오늘 일정 마치고 다시 올라와 볼 수 있을까.

미켈란젤로 언덕 다비드상

두오모 성당과 베키오 다리를 배경으로

피렌체 더 몰 아울렛(위) 마트 Coop에서(아래)

더 몰이 피렌체의 외곽에 있어 드라이브 코스로도 멋지다. 구글맵에서 말한 대로 30분 만에 도착. 주차장에 차를 주차하고 브랜드 매장들을 순례하기로 했다. 대형 셔틀버스에서 중국인 관광객들이 우르르 내리고 있다. 요즘 명품 매장에는 중국인 관광객들이 싹쓸이를 한다고 하는데 오늘 이곳이 쑥대밭이 되는지 내 눈으로 직접 볼 수 있을지 모르겠다.

번호표를 받아 들고 쇼핑하던 아내가 파란색 클래식 디자인 가방에 마음을 주기 직전 조그만 가죽 손가방 발견. 전시 상품이라 60% 할인해서 350유로. 우리 돈으로 45만 원 정도. 매장에 하나밖에 없다고 한다. 멈칫하는 순간 다른 사람 손에 들어가면 후회해도 때는 늦으리. 어차피 이탈리아에 왔으니 명품 하나 정도는 사려고 했는데 빨리 마음에 드는 걸 찾아서 오히려 다행이다 싶었다. 결제는 다음 달. 내일 걱정은 내일 하는 법.

사겠다고 했더니 점원이 계산기를 두드리는데 계산기 금액이 이상하다. 3,500유로. 가격표를 잘못 봤다. 우리 돈 450만 원. 조그만 손가방치고는 너무 비싸다. 전시하지 않은 상품은 그럼 8,700유로. 우리 돈 1,100만 원짜리. 그래서 계산대에서 진짜로 살 거냐고 몇 번을 물었던 가보다.

가방을 내려놓는 순간부터 아내는 다른 상품이 더 눈에 들어오지 않는가 보다. 사람의 눈높이를 올리기는 쉬워도 낮추는 것은 어렵다는 것을 경제학에서는 톱니효과라고 하는데 오늘 명품매장에서 그 진가를 발휘하고 있다.

이제 피렌체 더 몰에서의 쇼핑은 불필요한 시간 낭비. 가격 때문에 마음에 드는 가방을 사지 못한 엄마의 기분을 아는 영주는 조용히 있는데, 눈치 없는 동주는 마음에 드는 선글라스를 사 달라고 조른다.

동주에게 선글라스가 너무나 잘 어울렸고 해맑게 웃는 모습이 보기 좋았는데, 한국에 와서는 부담스러운지 밖에 나갈 때 잘 안 쓰고 다닌다. 아빠 달라고 하면 주지는 않고.

더 몰에서 30분 거리인 숙소로 돌아와 저녁을 해 먹기로 하고 호텔 옆 마트 COOP에서 라면, 과일, 물 등 생필품을 사러 갔다. 숙소에서 걸어가다가 눈길을 끄는 상점 한 군데에 들어갔더니 영주가 사고 싶었으나 면세점에 시도 품질되어 사지 못했던 립스틱 '샤넬 148번'이 빛을 발하고 있었다. 게다가 면세점보다 더 싸게 사는 바람에 너무 좋아한다. 면세에 매달리지 말고 현지 상점에서 구매해보기를 강추. 이탈리아 유명 치약인 '마비스'를 할인 판매하고 있었다. 영주가 3개를 사길래 한 개만 사라고 했더니 꿋꿋하게 3개를 사 버린다.

베키오 다리 야경이 좋다고 하던데 동주까지 다리가 아프다고 해서 아쉽지만 오늘 일정은 여기서 마무리해야겠다. 내일 피사를 거쳐 밀라노로 가기 전에 둘러볼 베키오 다리는 피렌체에서 가장 오래된 다리다. 단테는 이 다리에서 베아트리체와 운명적인 첫 만남을 갖는데, 그의 작품 『신곡』이 탄생한 배경이 되는 다리이기도 하다. 영화로 만들어진 소설 『향수』의 배경이기도 하다. 건물, 돌로 만들어진 바닥까지 그야말로 유럽다운 곳이다.

오늘 피렌체에서 1박을 하고, 밀라노에서 1월 11일부터 2박을 할 계획이다. 구글맵으로 260Km 떨어진 물의 도시 베니스에서 1박을 한 다음 밀라노를 갈까 생각도 했지만 베니스는 곤돌라를 타고 수상도시를 돌아보는 것이 전부라서 밀라노에서 2박을 하기로 결정한 것이다. 베니스는 30년이 지나면 물에 완전히 잠긴다고 하니 그 전에 한 번 와볼 수 있는 기회가 된다면 좋겠다. 호텔스닷컴 Hotels.com에 올라온 밀라노의 다빈치 호텔 예약. 현지세 40유로 포함 231유로.

우연히 발견한 샤넬 148번 립스틱(좌) 마트 Coop에서(우)

- 피렌체 시내 야경을 즐기고 싶다면 미켈란젤로 언덕을 추천.
- 차로 피렌체 더몰 아울렛에 갈 경우, Incisa-Reggello 출구 -〉 오른쪽의 Ponstassieve 방향으로 Leccio에 위치. 영업시간은 10:00~19:00.
- 이탈리아 대표 마트 Coop은 파스타 면과 소스 종류가 다양하고, 라바짜&일리 커피는 우리나라보다 훨씬 저렴하다.

소설, 영화의 배경이 되는 곳

2017. 1. 11.(수)

베키오 다리 – 피사 – 비토리오 에마누엘레 2세 갈레리아 – 스칼라 광장 – 두오모 광장

베키오 다리에서 자물쇠 키를 던지는 동주

아침 일찍 베키오 다리로 차를 몰았다. 소설『향수』의 배경에 나오는 것처럼 예전에는 정육점과 가축시장이 들어서 악취가 진동하던 다리였으나 메디치가에서 그들을 강제로 이주시키고 금세공업자들을 입주시켜 보석을 가공하면서 지금은 그야말로 보석매장으로 가득 찬 다리가 되었다. 보석 가격이 어마어마해서 가격표도 안 붙인다고 한다. 가격을 물어볼 사람이라면 어차피 사지 못할 가격이기 때문.

금성팀은 피렌체 세공사들이 직접 디자인한 귀금속에 눈을 떼지 못하고, 자물쇠라도 채워 자신의 사랑을 이루려는 동주는 첼리니 흉상의 펜스에 사랑의 자물쇠를 채우고 열쇠를 아르노강에 직접 던져버린다. 사랑을 위하여!

성 베드로 대성당 쿠폴라에 올라가 보지 않아서 피렌체 두오모 쿠폴라에 올라가 보려다가 밀라노 두오모 성당 일정으로 대신하기로 했다.

영화 〈인페르노〉에서 도망가던 남자가 떨어져 자살했던 바디아의 첨탑이 피렌체 두오모 바로 앞에 서 있고, 어제 미켈란젤로 언덕에서 봤던 다비드상이 시뇨리아 광장의 베키오 궁전 앞을 지키고 서 있다.

베키오 궁전과 우피치 미술관의 길목에 있는 로자 데이 란치라는 아치형 회랑에 설치된 르네상스 시대의 유명 조각품들이 눈길을 끈다. 피렌체의 상징인 마조코 사자상과 메두사의 목을 들고 있는 페르세우스, 그리고 1개의 돌로 3개의 형상을 만들어 유명해진 겁탈당하는 사비나의 여인, 켄타우로스를 때리는 헤라클레스는 모조품이라고 하기에는 너무 멋지고 진품 같은 작품들이다.

피사의 탑에서

피렌체에서 1시간 거리에 있는 피사로 향했다. '피사의 사탑'으로 유명한 바로 그곳이다. 사탑은 아직도 기울어져 있지만, 보수공사를 해서 더 기울어지지는 않고, 5.5도에서 기울기가 멈춘 상태란다. 우리 가족도 피사 앞에서 피사를 받치는 포즈로 인증사진을 찍었다. 사탑에 올라가는 데 18유로나 받는다. 기울어진 사탑에서 보는 세상은 다를까.

밀라노에 도착하자마자 세라발레 아울렛으로 차를 몰았다. 어제 피렌체 더 몰에서 마음에 드는 가방을 사지 못해 기분이 가라앉은 아내를 위해서다. 여기는 어제보다 마음에 드는 물건이 더 없는 듯하다. 동주만 아디다스 반팔 티와 후드티 2차 득템.

호텔 체크인하고 저녁을 대충 때우고 나서 밀라노 두오모와 스칼라 극장을 이어주는 비토리오 에마누엘레 2세 갈레리아에 갔다. 운동장만 한 아케이드 안에 이름만 대면 알 수 있는 명품 매장이 가득했다. 바닥은 전체가 고급스러운 대리석과 타일로 모자이크 장식이 되어 있어 왕궁에 들어와 있는 듯한 착각을 불러일으킨다.

한 매장에 들어가 봤더니 피렌체 더 몰이나 밀라노의 세라발레 아울렛보다 가격은 착하지 않지만, 내가 보기에 물건은 더 좋아 보인다. 명품이 분명해 보인다.

아케이드 십자로 중앙 바닥에는 많은 사람이 월계관과 방패 문양 속 황소의 성기에 뒤꿈치를 대고 몸을 돌리고 있다. 오른쪽으로 돌면 몸이 건강해지고 왼쪽으로 돌면 자신이나 가족이 시험에 합격할 수 있다는 속설 때문이다. 뒤꿈치가 떨어지지 않게 도는 게 포인트. 바닥에 구멍이 깊이 패여 있는 걸 보

비토리오 에마누엘레 2세 갈레리아 바닥의 황소 문양

면 다들 원하는 것이 많은 모양이다.

예전에 소주 병뚜껑을 따면 첫 잔은 몸에 좋지 않으니 버려야 한다는 소문에 누구나 할 것 없이 조금씩 버리고 마신 때가 있었는데, 조금씩 버린 양이 전국적으로 모아보면 엄청나서 소주 매출에 크게 기여했다는 버즈 마케팅이 생각난다.

황소에게 각자의 소원을 빌고 스칼라 극장 쪽으로 아케이드를 걸어 나오는데 동남아에서 온 듯한 남자가 영주에게 장미꽃 한 송이를 주려고 한다. 프뤼 free, 공짜 라고 하는데 받아도 되냐고 묻는다. 그 사람이 왜 너한테 공짜로 주냐고 물었더니 자기가 프뤼리 pretty, 귀여운 해서 프뤼로 주는 것 같다고. 발음이 비슷하지만 나한테는 또렷하게 뜨뤼 three, 3 로 들리는데. 물에 비친 자기 모습에 취한 나르시스의 현신인가. 영주야, 정신 차려라. 뜨뤼다. 3유로. 장미 한 송이가 우리 돈 4천 원이다.

아케이드 앞 스칼라 광장에는 레오나르도 다빈치와 제자들의 동상이 있고, 세계 3대 오페라 하우스 중 하나인 스칼라 극장이 위용을 드러낸다. 1778년 밀라노를 지배하던 오스트리아의 여제 마리아 테레지아의 명에 따라 세워진 오페라 극장이다. 테레지아 여제는 프랑스 대혁명 당시 콩코드 광장에서 남편인 루이 16세와 함께 단두대에서 형장의 이슬로 사라진 마리 앙투와네트의 엄마. 여행 일정을 짜면서 밀라노 일정을 빨리 확정하지 못하는 바람에 오페라의 본고장에서 오페라를 한 편도 보지 못한 것은 지금도 매우 아쉽다.

베키오 다리 위 첼리니 흉상에서

아케이드를 나가면 두오모 광장. 밀라노 두오모는 성 베드로 대성당, 스페인의 세비야 대성당 다음으로 유럽에서 세 번째로 큰 성당이라고 한다. 두오모는 대성당의 돔을 말하는데 밀라노의 두오모는 돔이 없어도 두오모라고 부르는 걸 보면 이탈리아에서는 두오모가 대성당을 의미하는 보통명사가 된 것 같다.

1000년이 넘은 성당의 첨탑은 135개인데 한 군데도 빠짐없이 성인상으로 장식되어 있고, 그 중심에 황금의 마리아상이 솟아있다. 다른 지역 성당과 마찬가지로 밀라노 두오모도 티켓을 사야 하는데 오늘은 늦어서 사진 몇 컷으로 일정을 마무리한다.

- 피사의 사탑 구경은 무료지만 사탑 안에 들어가려면 1달 전에 예매해야 하고, 18유로. 피사의 사탑 옆 두오모 성당은 입장이 무료.

스위스 국경을 넘나들며 성공한 일

2017. 1. 12. (목)

베로나 줄리엣의 집 – 스위스 팍스타운 아울렛 – 밀라노 두오모 성당

줄리엣의 집

오늘은 셰익스피어가 쓴 〈로미오와 줄리엣〉의 배경이 되었다는 줄리엣의 집에 가기 위해 일찍 아침을 먹고 베로나로 출발했다. 구글맵으로 확인하니 160km.

줄리엣의 집 입구 양쪽 벽에는 여행객들과 연인들이 남긴 사랑의 메시지가 가득하고, 마당에는 여행객들로 발 디딜 틈이 없다. 영화의 위력을 느낀다. 마당에 서 있는 줄리엣 동상의 오른쪽 가슴을 만지면 사랑이 이루어진다고 해서 너도나도 가슴에 손을 얹고 사진을 찍어댄다.

줄리엣의 집에도 사랑의 자물쇠가 걸려 있다. 하긴 죽음으로 마감한 로미오와 줄리엣의 사랑이야말로 열쇠 없이는 열 수 없는 자물쇠 같은 사랑이 아닐까. 동주는 베키오 다리에 걸었던 사랑의 자물쇠로는 안심이 안 되는지 좀 더 큰 자물쇠를 또 걸고 싶다고 한다. 줄리엣의 가슴에 손을 얹고 포즈를 잡으라고 하니 부끄러워하면서. 용감한 자만이 미인을 얻는 법이라고 했던가.

영주는 줄리엣이 로미오를 만났던 2층 발코니에서 사진을 찍기 위해 6유로를 내고 줄을 서서 기다리다 인증사진을 찍었다. 테라스 안에는 별것도 없다고 한다. 소설 속 허구를 관광 상품으로 만들어 한 해 200만 명이 찾아오게 만든 베로나시의 문화 마케팅에 박수를 보낸다.

줄리엣의 집 앞 크루치아니 팔찌 상점이 금성팀 눈에 띄었다. 영주가 지난번 유럽여행에서 산 가우디&크루치아니 콜라보 디자인 팔찌 두 개가 이제 너덜너덜해졌는데 때마침 잘 만났다. 1개 10유로. 두 개 득템. 화성팀은 동주의 마음속 연인에게 마음을 전달하기 위해 목걸이 시계를 장만했다. 10유로.

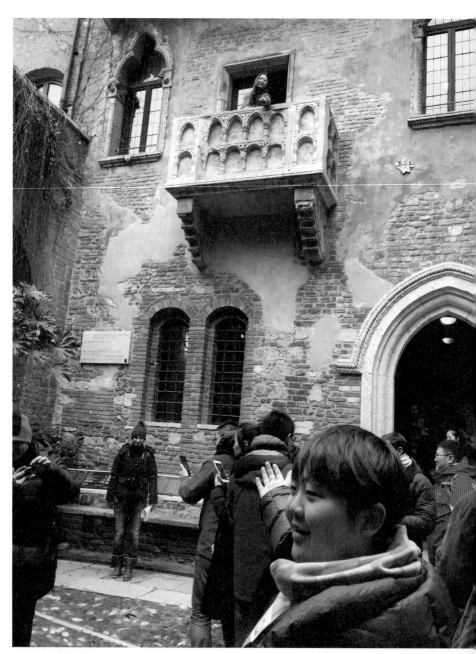

줄리엣의 집 발코니에서

화성과 금성이라는 서로 다른 별에서 살다가 지구에 와서 같이 사는 사람들은 때때로 서로를 이해하기보다는 그런가 보다 하고 받아들이며 사는 것이 현명할 때가 많은데, 지금이 그때인 것 같다. 밀라노에서 스위스의 팍스타운은 구글맵으로 한 시간 거리. 베르나에서 밀라노로 돌아오면서 내친김에 스위스 국경을 넘어갔다 와야겠다. 쇼핑 성공을 빌면서.

　스위스는 EU 미가입국이라 국경을 통과할 때는 통행료 40유로를 내야 하고 스티커를 차창에 붙이고 다녀야 한다. 국경 수비대가 다른 차는 그냥 통과시키면서 우리 차는 세우더니 여권확인을 하고 방문 목적을 묻는다. 수염을 안 깎은 지 14일째라 그런가? 철조망으로 막아놓고 같은 민족끼리 서로 다닐 수 없는 우리나라의 분단 상황과 달리 국경을 큰 어려움 없이 드나들 수 있는 유럽의 평화가 너무 부럽다.

　팍스타운에 도착하자마자 일단 생각해 둔 매장으로 직행했는데, 여기서 드디어 마음에 드는 가방 발견. 통행료 40유로의 본전을 뺐다. 엄마가 가방을 사는 모습을 보고 영주가 말은 안 했지만 영주 것을 사지 않고 나왔다가는 앞으로 일정에 먹구름이 낄 듯해서 호기롭게 영주에게도 고르게 했다. 자주 올 수 있는 곳이 아닌데 온 김에 한 개 더 사라고 아내에게 말했더니 예상치 못한 제안에 입이 다물어지지 않는 모양이다. 귀국 후 결제청구서는 그때 걱정하자. 술 좀 줄이면 되겠지. 화이팅!

　세 번째 시도 끝에 가방을 손에 넣은 금성에서 온 두 사람은 기분이 너무 좋은 것 같다. 맘에 드는 가방 득템과 함께 눈이 쌓인 스위스 국경을 지나 밀라노로 다시 돌아오는 차 안의 분위기는 그야말로 환상적이다. 기분이 좋아

밀라노 두오모 성당

서 가만있을 수 없는 모양이다. 유럽의 겨울 해는 지고 있고 차창 밖은 벌써 어두워진다. 가방이 대체 뭐기에. 영주도 처음으로 자기 소유의 명품가방이 생겼다는 기쁨에 입꼬리가 저절로 올라가는 걸 끄집어 내리느라 힘들었다고 한다. 아빠 술값으로 바꾼 가방이라서.

어제 너무 늦어서 성당 안을 구경하지 못했기 밀라노 두오모로 다시 왔다. 그런데 오늘 저녁 평일 미사가 있는 모양이다. 파리에 도착한 다음 날 노트르담 대성당에서 주일 미사를 드리고 유럽 일정을 시작한 것은 행운이라고 생각하는데 오늘 밀라노 두오모에서의 평일미사 참례는 생각지도 못한 두 번째 행운이다.

유럽여행은 그야말로 성당을 순례하는 관광이나 마찬가지지만, 직접 미사에 참례할 기회는 쉽게 접할 수 없다. 더구나 버스에서 내려 일행을 따라 이리저리 몰려다니다가 잠깐 들러서 기념품을 사고 나면 다시 버스를 타고 떠나 버리는 패키지 여행자에겐 언감생심이다.

물론 좀 더 오래 머문다고 코끼리의 본 모습을 다 알 수는 없겠지만, 바쁜 일정에 쫓기는 것도 아니고 로마 가톨릭의 본산에서 그것도 천년도 더 된 밀라노의 두오모에서 엄숙한 미사를 드리는 것은 행운이 아닐 수 없다.

여행객과 미사 참례자 출입구가 다르다. 미사참례자는 무료입장인데 여행객 복장을 한 우리에게 성당 입구를 지키는 군인들이 미사참례 하는 것이 맞는지 재삼 묻는다. 손가락 묵주반지도 보여주고 소지품 검사도 하고 나서 들어간 성당 내부는 공사 중. 하긴 천 년이 넘은 건물이 아직 그대로 서 있다는 것부터 놀라운 일이지만.

노트르담 대성당과 달리 안쪽 성가대석에 별도 공간을 만들어 평일 미사를 집전 중이다. 미사 중에 한국에 계신 어머님의 건강을 빌고, 남은 일정을 우리와 항상 함께해 주시기를 빌어본다. 말을 알아들을 수는 없었지만, 마음이 열린 때 말은 오히려 방해만 될 뿐. 우리 모두에게 은총의 시간이었기를.

저녁은 맛있어 보이는 케밥 피자에 라면. 영주가 케밥을 사러 들어갔더니 주인이 남한인지 북한인지 물어보는 바람에 분단국의 현실을 새로이 느끼게 됐단다.

오늘은 이탈리아의 마지막 밤. 내일은 나도 처음 가보는 스페인 바르셀로나로 가는 날.

케밥 피자

영주&동주가
알려주는
소소한 **Tip**

- 줄리엣의 집 입장료는 무료. 줄리엣의 방이 있는 테라스는 입장료가 6유로. 포즈 취하는 값으로
는 비싸다.
- 밀라노 두오모 입장료는 테라스에 올라가는 엘리베이터 이용 유무에 따라 16유로, 12유로로 다
르다. 성당, 테라스, 박물관, 유적, 산고타르도(San Gottardo) 교회를 관람할 수 있다. 미사에
는 별도의 입장료가 없다.

스페인

SPAIN

바르셀로나 Barcelona
마드리드 Madrid
세고비아 Segovia
톨레도 Toledo
말라가 Malaga
그라나다 Granada
세비야 Sevilla

바르셀로나
●

세고비아
●

●마드리드

●톨레도

세비야
●

● 그라나다

●말라가

스페인

이제부터 스페인이다

2017. 1. 13. (금)

밀라노 말펜사 공항-바르셀로나 공항-숙소

바르셀로나 도착

일정상 오전 시간을 비운 게 아깝지만, 12시 50분 바르셀로나행 비행기를 끊길 잘했다. 렌터카를 반납하면서 시간이 오래 걸렸다. 밀라노의 말펜사 공항은 터미널이 두 군데인데, 우리는 터미널2라서 바로 왔더니 렌터카 반납은 터미널2에서는 안 되고, 터미널1에서만 가능하단다. 항공요금이 주말의 3분의 1 가격이라는 것을 위안 삼아 본다.

아내와 아이들이 일단 캐리어를 들고 내려 티켓팅을 하는 사이에 나 혼자 렌터카를 반납하러 터미널1로 가는데 갑자기 구글맵이 인식을 잘 못한다. 표지판만 보고 천천히 가고는 있는데 심리적 거리가 너무 멀다. 터미널 간 거리가 이렇게 멀었나? 아니면 또 길을 잘못 들었나? 한참을 달려가니 렌터카 반납 표지판이 보인다. 다행이다. 낯선 곳에서는 필연적으로 서투를 수밖에 없는데, 가이드가 없는 여행은 이럴 때 팽팽한 긴장감과 스릴을 주기도 한다.

기름을 가득 채워서 반납하지 않으면 패널티가 있는데, 게이지 눈금이 두 개 정도 모자라다. 하지만 숙소에서 공항까지 주유소를 한 군데도 찾을 수가 없어서 그냥 반납할 수밖에 없었다. 콜로세움에서 오른쪽 범퍼가 긁혔는데, 반납받으면서 확인도 하지 않는다. 렌터카를 반납하고 공항 셔틀을 타고 터미널2에 도착하니 가족들이 비행기 티켓팅을 마치고 기다리고 있다. 역시 이가 없으면 잇몸으로 사는 법.

이탈리아 사람들의 일 처리 속도가 무지하게 느리다는 것을 절감했다. 비행기가 1시간 30분 연착되어도 누구 하나 불평하는 사람이 없다. 당연한 것처럼. 우리에게 시간은 돈인데.

여행을 하면서 비행기 제일 뒷자리에 타보기는 처음이다. 비행기에 같이 탄 젊은 남녀들은 중국 사람보다 훨씬 더 시끄러웠다. 지중해 상공을 나는 소형비행기는 터뷸런스가 심했다. 바르셀로나 공항에 도착하자 마치 서로 약속이나 한 듯이 손뼉 치며 환호하는 것으로 보아 이 정도 터뷸런스는 항상 있는 모양이다.

　이제부터 스페인이다. 유럽 남부 이베리아반도, 대서양에서 지중해로 연결되는 길목에 자리 잡아 유럽과 아프리카를 연결하는 통로였던 나라. 태양과 정열의 나라, 산티아고 순례길, 플라멩코, 투우, 하몽, 돈키호테, 레알 마드리드, FC바르셀로나, 피카소, 가우디가 저절로 떠오른다.

　바르셀로나는 얼마 전 스페인에서 분리 독립을 시도한 카탈루냐 지방의 중심 도시인데 카탈루냐 지역에 속하는 FC바르셀로나와 카스티야 지역에 속하는 레알 마드리드의 축구시합이 전쟁 같은 이유는 바로 이런 지역감정이 바닥에 깔려있기 때문이라고 한다. 지역감정은 비단 우리만의 문제는 아닌 것 같다.

　바르셀로나는 밀라노보다 훨씬 따뜻했다. 렌터카는 저가항공권 구매사이트인 이드림 eDreams를 통해 예약한 스페인 로컬업체 센타우로 Centauro에서 풀 커버 보험으로 같은 장소에 반납하는 조건으로 폭스바겐을 빌렸다. 확실히 저렴하다. 3일에 94유로. 동주가 벤츠를 타고 싶어 했는데 벤츠가 아니어서 아쉬운 모양이다.

　비행기 연착으로 인해 에어비앤비를 통해 예약한 숙소의 주인이 우리를 기다리다가 바쁜 일이 있어 가 버렸다. 우리는 비행기를 타고 있어 연착 사실을 알릴 수 없었기 때문에 도착했다고 연락하고 나서 숙소 앞에서 문을 열어

줄 때까지 한참을 기다릴 수밖에 없었다. FC바르셀로나 홈구장 캄프누 근처지만 주택가라서 그런지 저녁을 먹으러 들어간 중국인 식당에서는 영어가 전혀 통하지 않고 맛도 별로였다. 이때까지만 해도 바르셀로나의 불길한 전조가 시작된 건 줄 몰랐다. 문을 열어줄 사람은 아직 오지도 않고.

에어비앤비 앱으로 볼 때 비싸다는 느낌은 들었지만 괜찮아 보여서 예약했는데 엘리베이터도 없는 4층인데다가, 무거운 캐리어를 들고 올라가기에 계단이 너무 좁았다. 집안은 퀴퀴한 냄새가 배어 있고, 화장실 문의 손잡이는 파손되어 있었다. 샤워부스는 몸에 꽉 끼일 만큼 좁고, 샤워 꼭지는 스프링클러처럼 사방으로 물이 새고, 변기 물은 잘 내려가지도 않고. 이틀을 자야 하는데 호텔을 예약하지 않은 것을 후회했다.

메시가 소속된 FC바르셀로나와 라스팔마스의 축구경기를 편하게 보려고 일부러 FC바르셀로나의 홈구장인 캄프누 근처에 숙소를 잡은 건데. 이미 선불 결제를 한 하루 숙박비가 아깝지만, 내일 축구경기를 보고 나서 숙소를 옮기기로 했다.

인터컨티넨탈 IHG에서 검색해보니 바르셀로나 홀리데이인 HolidayInn이 조식을 제공하면서도 저렴한 편이라 예약했다. 밀라노에서 바르셀로나로 오는데 하루가 다 가 버렸다.

스페인을 빛나게 하는 이들

2017. 1. 14. (토)

사그라다 파밀리아 성당 – 피카소 미술관 – 바르셀로나 캄프누 경기장

사그라다 파밀리아 성당 실내

오늘은 FC바르셀로나와 라스팔마스의 축구경기가 있는 날. 우리 부부는 축구를 별로 좋아하지 않지만, 아이들에게 세계적인 축구 스타인 리오넬 메시가 뛰는 경기를 직접 보여주고 싶어서 26만 원을 들여 일찌감치 예약해 놓았다.

사실 그리스에 간 김에 제우스를 비롯한 신화 속 12신이 살고 있다는 올림포스산과 푸른 바다와 하얀 집으로 유명한 산토리니 해변도 가보고 싶었는데 그곳들을 포기하고 바르셀로나로 온 이유는 바로 오늘 경기가 있기 때문이다.

바르셀로나에는 유명한 관광지가 많아서 축구경기 전까지 최대한 많은 곳을 돌아보려고 일찍 서둘렀다. 달걀, 소시지와 어제 사다 놓은 함박스테이크로 아침을 배불리 먹고 출입문 키를 식탁에 올려 두고 짐을 챙겨 뒤도 돌아보지 않고 숙소를 나왔다. 앞으로 에어비앤비에서는 숙소를 구하지 않을 생각이다.

출발하고 5분도 되지 않아 숙소에 아이 코트를 두고 왔다는 사실을 알았지만, 키를 집안에 두고 문을 잠그는 바람에 가지러 갈 수도 없었다. 집주인과 통화해서 축구시합을 보러 가기 전에 만나기로 약속하고, 오늘 첫 일정인 사그라다 파밀리아 성당에 도착했다.

바르셀로나에서는 필수코스인 유명 관광지라서 안전하게 주차장에 주차했다. 10유로 내고. 성당 입구에는 표를 사려고 기다리는 사람들이 많았다. 도우미가 인터넷 예매를 하면 할인도 되고 기다릴 필요 없이 입장할 수 있다고 해서 그 자리에서 바로 인터넷예매를 해서 입장했다. 30% 할인하여 45유로. 우리 돈 2만5천 원 절약. 유럽의 겨울은 줄 서서 기다리기에는 너무 추웠다.

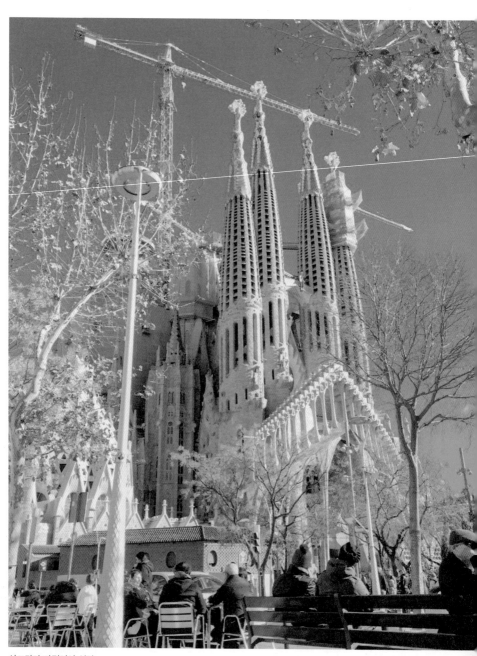

사그라다 파밀리아 성당

사그라다 파밀리아 대성당. 우리말로는 성가정 성당. 가우디 투어가 따로 있을 만큼 독특한 건축물을 많이 남긴 천재 건축가 안토니 가우디가 설계한 성당. 1882년 착공한 이후 가우디 사망 100년이 되는 2006년 완공 예정이었으나 2026년을 목표로 아직도 공사 중인 현재 진행형인 성당이다. 영주가 몇 년 전 유럽 배낭여행을 가서 엄마에게 줄 선물로 예수님 사진을 샀던 곳이 바로 여기다.

명성에 걸맞게 멀리서 보면 웅장하고, 가까이에서 보면 말로 표현하기 어려울 만큼 절묘하고 섬세하다. 옥수수같이 생긴 종탑과 3개의 파사드가 있고, 파사드마다 4개의 첨탑이 솟아 있다. 파사드는 건물의 출입구를 말하는데 예수의 탄생, 수난, 영광 세 부분으로 구성되어 있고, 영광의 파사드는 아직도 공사 중이다. 첨탑은 12명의 사도를 상징한다고 한다.

성당 안으로 들어가니 더 놀랍다. 인공조명은 있는 둥 없는 둥 하고 성당 천장과 벽의 다채로운 색상의 스테인드글라스를 통해 들어온 빛이 실내를 밝힌다. 계절, 날씨, 시간에 따른 햇살의 각도와 세기에 따라 성당 내부 조명이 수시로 달라지는 색채의 향연은 신비롭기까지 하다.

약 10여 년 후 중앙 돔이 완전히 자리 잡아 사그라다 파밀리아가 완성되면 그 모습을 보러 다시 올 수 있기를 기대해 본다. 그때가 여름이면 어떨까 하는 생각도 해 본다.

그야말로 천재 건축가 가우디가 스페인을 먹여 살린다고 해도 과언이 아닌 듯하다. 가우디는 사그라다 파밀리아 대성당을 비롯해서 구엘 공원과 카사밀라 등 세계문화유산으로 지정된 7개의 건축 유산을 남겼다고 하는데, 우리는 대성당과 구엘 공원 2개만 구경할 계획이고 다른 것들은 차를 타고 다

바르셀로나 캄프누 경기장 축구 관람

니면서 눈으로만 볼 계획이다.

사그라다 파밀리아 대성당에서 차로 7분 거리에 있는 구엘 공원으로 향했는데, 이곳은 가우디의 모든 것을 보여준다고 알려진 곳이다. 공원 앞 주차장에 자가용은 주차할 수 없다고 해서 구엘 공원은 내일 다시 오기로 하고 약 20분 거리인 피카소 미술관으로 차를 돌렸다.

바르셀로나는 실제 피카소가 살았던 곳이고 피카소 미술관은 피카소의 유년, 청년 시절 작품을 소장하고 있는 곳이란다. 중세 저택들이 길게 늘어선 골목길 안에 미술관이 있어 주차장에 주차하고 걸어 들어가니 행렬만 따라가도 될 정도로 여행객들이 많다. 매월 첫째 일요일은 무료로 관람할 수 있지만, 오늘은 둘째 토요일. 입장료는 성인 11유로. 2018년부터 입장료를 1유로 인상했다고 한다.

렌터카를 타고 바르셀로나를 관광하면서 카탈루냐 광장을 몇 번이나 지나갔는지 모르겠다. 카탈루냐 광장에서 미술관까지는 차로 약 10분 거리. 미술관으로 가는 길에 붉은 벽돌로 만들어진 바르셀로나 개선문이 덩그러니 서 있다. 1888년 국제엑스포 개최 기념문이라고 한다. 카탈루냐 분리 독립을 외치는 사람들이 이곳 바르셀로나 개선문에서 모여서 시위를 많이 한다고 하는데 이름을 독립문으로 바꾸는 게 어떨까 생각해본다.

집주인이 3시 30분이 넘어서야 오는 바람에 경기장까지 걸어가기에는 입장 시간이 빠듯하고 날씨도 추워서 차를 가지고 갔다. 경기장으로 가는 길에는 남녀노소 가릴 것 없이 골목마다 쏟아져 나온 사람들로 가득하다. FC바르셀로나 팬들의 인파는 말 그대로 인산인해다. 스페인 축구의 저력이 어디에서 나오는지 알 수 있었다.

가족들을 경기장 입구에 먼저 내려주고, 나 혼자 주차장을 찾아서 캄프누 주변을 몇 바퀴 돌다가 결국 숙소 골목에 주차했다. 경기장 좌석은 잘 찾았는지 모르겠다. 최대한 빨리 걸어갔는데도 도착했을 때는 후반 10분이 지나 있었고, 점수도 5:0으로 FC바르셀로나가 압도적으로 이기고 있었다. 우리 가족을 찾았을 때는 이미 FC바르셀로나팀의 팬이 되어 승리를 만끽하고 있었다.

로마의 콜로세움 만큼 엄청나게 넓은 경기장에서 리오넬 메시가 바로 눈앞에서 뛰어다녔던 축구 시합이 아이들에게 좋은 경험이 되었기를 바라본다. 1월 14일 FC바르셀로나와 1월 19일 레알 마드리드의 경기를 필수 일정으로 정하고 전체 여행일정을 짜다 보니 가보고 싶은 곳을 포기해야 하는 아쉬움이 있었는데, 그럴만한 충분한 가치가 있었지 않나 싶다.

인증사진을 찍고 나서 주차한 곳으로 가는 도중 동주가 발을 접질려 걷기 힘들게 됐다. 더군다나 축구경기를 보고 쏟아져 나온 관중들 때문에 택시도 없고 날씨는 춥고 그야말로 사면초가 상황. 동주하고 같이 걸어 나온 영주에게 동생을 잘 살피지 못했다고 괜한 역정을 냈더니 영주가 섭섭했던 모양이다.

길 건너 마트에서 추위도 피할 겸 쇼핑을 하는 동안 내가 가서 차를 가져오기로 했다. 처음으로 불법 유턴을 해서 홀리데이인 HolidayInn으로 향했는데, 그리스 델피의 악몽이 재현되는지 호텔은 안보이고 차는 가로등도 없는 첩첩산중으로 자꾸 들어간다. 구글맵을 다시 설정해서 달려보니 공항에서 이륙하는 비행기가 보이는 바르셀로나 외곽이다. 바르셀로나에서 또 길치 인증.

사람들은 동물과 달리 다른 사람과 비교하기 때문에 절대적 만족을 하지 못한다고 한다. 홀리데이인은 그렇게 좋은 호텔이 아니었는데도 어제 묵었던 숙소와 비교해보니 특급호텔에 투숙한 것 같은 만족감을 주었다. 상대적 불만족을 해소하고 절대적 만족감을 느끼는 아이들 덕분에 오늘도 나는 행복하다.

어제 렌터카를 반납하면서 연료 확인을 안 하길래 페널티 조항은 그냥 말뿐인 줄 알았다. 오늘 골드카에서 날아온 메일을 보고 경악했다. 마치 연료가 텅텅 빈 상태로 반납한 것처럼 연료비용을 51유로나 청구했고 계약위반으로 50유로나 청구한 것이다. 앞으로 해외여행을 할 때는 골드카는 이용하지 않을 생각이다.

영주&동주가 알려주는 소소한 Tip

- 사그라다 파밀리아는 바티칸 성당보다 높은 크기로 2020년 완공될 예정. 입장료는 15유로, 입장시간은 11~2월 09:00~18:00, 3월 15:00~19:00, 4~9월 09:00~20:00, 10월 09:00~19:00. 가우디 박물관은 18:00까지 입장.
- 피카소 미술관은 매주 월요일 휴관. 09:00~19:00까지 영업하는데, 목요일 오후에는 18:00~21:00 사이에 무료 관람이 가능하다. 입장료는 13유로, 18세 미만은 무료. 오디오는 5유로.

동주 빠에야를 만나다

2017. 1. 15. (일)

카날루냐 광장 – 몬세라트 수도원 – 레스토랑 라폰다 – 몬주익

람블라스 거리

오늘 첫 일정은 사그라다 파밀리아 대성당에서 7분 거리인 카탈루냐 광장이다. 차로는 몇 번 지나간 곳인데, 광장 주변이 유명한 관광지이고 맛집도 많은 곳이다.

호텔은 조식이 그렇게 좋은 편은 아니었지만 느긋하게 먹었다. 한국에서 온 패키지 여행객들이 서둘러 출발한다. 패키지 관광은 비용이 저렴하고 가이드의 설명을 들을 수 있는 장점이 있지만, 쇼핑 코스를 하루에도 몇 군데 끌려가서 물건을 사줘야 가이드 수입이 생기는 구조이기 때문에, 시간 낭비는 물론이고 느긋하게 해외여행을 즐기지 못한다는 점이 커다란 단점이 아닐 수 없다.

핸드폰으로 인증사진을 많이 찍는 바람에 핸드폰에 저장 공간이 부족했는데, 어제 마트에서 산 USB로 사진 자료를 옮겼다. 외국여행은 사진이 남는 것인데, 핸드폰 저장 공간이 너무 적다는 것을 절감한다. 우리는 보온병에 시원한 오렌지 주스를 담아서 챙기고 아우디에 시동을 걸었다.

카탈루냐 광장. 명품거리인 그라시아 거리와 람블라스 거리를 연결하는 곳이고, 공항리무진이 도착하고 출발하는 곳이라 바르셀로나 여행의 시작이고 끝이라고들 한다. 우리는 밀라노에서 베르나에 있는 줄리엣의 집에 갔다 오는 길에 스위스의 팍스타운에 가서 명품 쇼핑을 끝냈기 때문에 바르셀로나의 샹젤리제로 불리는 명품과 쇼핑 거리인 그라시아 거리를 뒤로하고 보행자 전용도로인 람블라스 거리로 방향을 잡았다.

우리가 사는 부산처럼 항구도시라서 친숙한 바다내음이 정겹다. 콜럼버

몬세라트 수도원(위) 천국의 계단(아래 좌) 검은 성모 마리아상(아래 우)

스 기념탑이 이곳에 있는 이유는 콜럼버스가 첫 항해를 마치고 귀항한 곳이기 때문이란다. 우리나라 프리마켓과는 다른 분위기의 노점, 카페, 기념품 가게가 길 양옆으로 늘어서 있고, 독특하고 다양한 모습을 한 거리의 마임 예술가들이 미동도 않고 여행객들의 눈길을 끈다. 진짜 동상인 줄 알았다. 미동도 하지 않고 가만히 앉아있던 공주 동상이 동주를 위해 아주 잠깐 움직여준다. 여행객에게 얼마나 호기심을 끌어냈느냐에 따라 그날 하루 노동을 보상받을 것인데, 같은 자세로 오랫동안 있으려면 얼마나 힘이 들까. 예술의 길은 멀고 험하지만, 거리 예술가들이 돈을 벌기는 더 멀고 더 험한 것 같다.

해운대를 찾는 많은 사람이 자신의 눈길을 끄는 것을 담아서 자기 나라로 돌아가듯, 우리 가족은 이곳 사람들이 매일 일상을 살아내는 치열한 삶의 터전 한가운데에서 우리의 눈길을 사로잡는 아름다운 풍경, 거리 예술가들, 특이한 기념품들을 여행자로서 기억할 것이다.

프란치스코 교황이 방문할 만큼 유명한 가톨릭 성지인 몬세라트 수도원으로 출발했다. 구글맵으로 검색하니 자동차로 1시간 거리. 산악열차와 케이블카를 운행하고 있었지만, 우리는 차를 타고 편하게 올라갔는데 귀에 압력이 느껴질 만큼 높은 곳이다. 6만여 개의 봉우리가 있다는 험한 바위산이 수도원 마을을 병풍처럼 에워싸고 있다. 천재 건축가 가우디가 이 산에서 영감을 받아 사그라다 파밀리아를 탄생시켰다는 이야기가 있는데 그럴듯해 보인다.

수도원 입구에 있는 '천국의 계단'이 우리를 반긴다. 사그라다 파밀리아의 '수난의 파사드'를 작업한 수비라치라는 작가의 작품인데 꼭 올라가보는 사람이 있어서인지 추락사고가 잦아서 펜스로 막아놓았다. 계단의 높이가 생각

175

라폰다 레스토랑과 빠에야

보다 높다. 영주도 올라가보고 싶은 충동이 생긴다고 하지만, 천국의 계단을 밟고 올라가기에는 너무 어리지 않을까.

한국인 여행객이 많이 오는지 좌판을 편 상인들이 한국말로 호객행위를 하는데 제법 잘한다. 몬세라트 수도원은 검은 성모 마리아상으로 유명한데, 이 성모 마리아상이 들고 있는 구슬을 손을 대고 기도하면 모든 소원을 다 들어준다는 소문이 있어 너도나도 줄을 서서 차례를 기다린다. 나도 성모님의 자비가 우리 모두에게 가득하기를 빌어본다.

점심을 먹으러 다시 카탈루냐 광장으로 차를 몰았다. 돌아가는 길도 스카이라인이 너무 멋지다. 오전에 주차했던 포트벨 항구의 콜럼버스 동상 근처 지하 공영주차장에 주차하고, 람블라스 거리를 따라 쭉 내려가다 보니 우리가 가려는 맛집 앞에는 점심시간이 지난 시간인데도 기다리는 줄이 길다.

맛집 라폰다. 기다림은 맛집의 필수 코스. 2층에 자리 잡고 스페셜 메뉴에 포크커틀릿, 블랙누들하고 빠에야를 시켰다. 빠에야는 홍합, 오징어, 새우가 들어 있고, 블랙누들은 오징어먹물 소스를 넣었는지 빈틈없이 까맣다. 마요네즈 소스에 찍어 먹는데 맛이 제법 괜찮다. 한입만 먹어도 온 입이 새까맣게 되어 어려운 사람하고 먹기에는 파이기(*나쁘다는 뜻의 경상도 사투리) 때문에 이름이 빠에야인가.

음식이 입에 맞지 않아 식사다운 식사를 못 해 힘들어하던 동주가 빠에야는 숨도 쉬지 않고 폭풍 흡입한다. 오랜만에 잘 먹는 모습을 보니 기분 좋다.

몬주익. 1936년 손기정 선수가 마라톤에서 우승한 이후 56년 만인 1992년 바르셀로나 올림픽에서 황영조 선수가 마의 코스로 불리는 몬주익 언덕에서 일본 선수를 따돌리고 우승했다. 경기도와 바르셀로나가 자매결연을 기념하여 세운 황영조 기념비가 있는 곳이라 한국 여행객들이 많이 찾는 곳이고 전망대로도 유명하다.

몬주익 언덕에 있는 성은 카탈루냐가 독립을 위해 스페인에 맞서 싸운 곳이다. 성안에는 지금도 스페인 국기 대신 카탈루냐 지역의 깃발이 걸려 있을 만큼 카탈루냐 지방의 상징과도 같은 곳이다. 몬주익 하늘을 선홍빛으로 물들인 저녁노을이 이제 막 산을 넘고 있었다.

바르셀로나에서 마드리드까지 거리를 구글맵으로 검색하니 서울-부산의 1.5배인 630km. 차를 운전해서 가기에는 너무 멀어서 처음에는 비행기를 타려고 했다. 스페인은 마드리드에서 일정을 마칠 예정이라서 동일지역 반납 조건으로 빌린 차를 반납하고 보니 비행기가 번거롭다는 생각이 들기도 하고 외국에서 아내와 교대로 고속도로를 운전하면서 스페인의 광활한 경치를 구경하는 것도 재미있을 것 같았다. 게다가 스페인의 고속도로는 일부 구간을 제외하고 무료라고 들어서 비용도 비행기하고는 비교가 되지 않게 적을 것이다. 처음부터 마드리드에서 반납하는 조건으로 차를 빌릴 걸 잘못했다.

몬주익 언덕의 성

영주&동주가
알려주는
소소한 **Tip**

- 톱니 모양의 산 몬세라트 수도원은 07:00~19:30 관람 가능. 죽기 전에 꼭 봐야할 자연 절경이자 세계 최고의 4대 성지이다. 검은 마돈나와 세계3대 소년합창단 에스콜로니아의 합창이 유명. 10.5 유로에 푸니쿨라를 타면 산 호안 전망대를 갈 수 있다.
- 스페인에서는 점심시간이 지난 후에 유명 관광지를 가면 줄을 서지 않고 들어갈 수 있다.
- 1992년 바르셀로나 올림픽 마라톤 경기에서 황영조 선수가 금메달을 땄던 몬주익 언덕에서 스페인 야경 관람을 추천.

가우디가 만든 동화 같은 공원

2017. 1. 16. (월)

구엘 공원 – 마드리드

구엘 공원

어제 일정이 좀 빠듯했는지 아이들이 곤히 잔다. 깰 때까지 기다리다가 느긋하게 아침 식사하고 마드리드까지 타고 갈 차를 빌렸다. 차를 반납하는 곳이 다르면 비용을 조금 더 부담하면 된다. 차는 아우디 A5. 트렁크가 좀 작아 캐리어 2개가 들어가기에는 안성맞춤이지만, 여행을 하면서 늘어난 다른 짐은 뒷자리에 둘 수밖에 없었다. 차가 움직이면 짐이 몸쪽으로 쏠려 뒷좌석이 아니라 트렁크에 탄 기분을 느꼈다고 하지만, 동주는 마냥 신났다. 캐리어가 2개 이상일 때는 차를 빌릴 때 반드시 트렁크 크기를 확인하기를 강추!

바르셀로나에 온 첫날 주차를 못 해 허탕 쳤던 가우디의 구엘 공원으로 차를 몰았다. 오늘은 지난번 봐두었던 공원 밑 주택가 골목길에 차를 주차했다. 견인 당할 위험이 없는 곳이라 안심하고 일단 주차를 했는데, 트렁크에 실어 놓은 캐리어가 밖에서 보여 조금 신경이 쓰였다. 다행히 아무 일 없었지만. 구엘 공원 앞 주차장에는 자가용은 주차할 수 없으니 매표소 바로 앞에서 내리는 버스를 타든지, 아니면 우리처럼 공원 아래 주택가에 주차하고 걸어 올라가는 것도 나쁘진 않다.

입장료는 어른은 8유로, 초등학생은 5.6유로. 드디어 구엘 공원에 들어갔다. 영주가 외사촌하고 둘이서 유럽 배낭여행을 했던 2013년에는 입장료가 무료였다는데. 구엘 공원 광장에서는 멀리 지중해와 바르셀로나 시내가 한눈에 들어온다. 공원이라기보다는 동화 속 장면을 연상시키는 환상적인 아름다움을 발견하게 된다.

과자로 만든 집같이 생긴 가우디의 집은 표를 따로 사야 했다. 카탈루냐 문양을 새겨 넣은 그 유명한 모자이크 도마뱀 사진도 찍었다. 공원 내에서 많

구엘 공원에서

이 걷는 바람에 점심은 공원 내 식당에서 케밥과 샌드위치로 때웠다. 가우디의 구엘 공원을 마지막으로 마드리드로 향하는 대장정을 시작했다.

스페인은 바르셀로나를 중심으로 하는 카탈루냐 지역과 마드리드를 중심으로 하는 카스티야 지역, 스페인 남부의 안달루시아 지역으로 나눌 수 있다. 같은 스페인이지만, 우리 가족은 이제 카탈루냐 지역에서 카스티야 지역으로 이동하게 되는 것이다.

바르셀로나 시내를 빠져나와 고속도로를 달리기 시작했다. 끝말잇기, 초성게임, 가위바위보를 하면서 웃고 떠들다가 지쳐 잠든 아이들의 모습을 백미러로 보면서 이런 행복을 주신 분께 감사드렸다. 1시간쯤 달려도 고속도로를 달리는 차가 많이 보이지 않았다. 영화에서나 봤음직한 광활한 구릉지를 가로질러 가는 고속도로가 끝없이 이어지고 올리브와 아몬드 나무가 우리를 환송해준다.

바르셀로나에서 마드리드로 가기 위해서는 중간 정도 지점에서 사라고사를 통과하는데 사라고사는 내륙과 해안을 잇는 교통의 요지이며 물류도시이다. 아내가 차를 몰 때 차가 휘청거려서 왜 그런가 했더니 사라고사를 지나고부터 거센 바람 때문이었다. 핸들을 꼭 잡아야 할 만큼 태풍처럼 강한 바람이다. 하기야 고속도로 좌우를 둘러봐도 그야말로 황무지라 바람이 거칠 것이 없다. 평소 바람이 많은 지역이라 그런지 풍력발전 시설도 많이 보인다.

주유소와 편의점만 있는 조그만 휴게소에 기름을 넣으려고 들어갔는데 셀프주유소였다. 주유하려고 차 밖에 나오니 바람에 날아갈 것 같다. 스페인어로 주유 방법을 설명해놔서 어떻게 하는지 잘 모르겠다. 다행히 옆에서 주유하던 트레일러 기사가 영국 사람인데, 자기도 스페인은 처음이라면서 친절하게 주유를 도와준다. 편의점에서 일하던 중년 남자는 영어를 전혀 하지 못했다.

고속도로를 달리면서 보는 일몰이 장관이다. 불이 난 줄 알았다. 온 들판을 다 덮은 빨간 불길이 세상을 태워 버릴 듯한 모습이다. 인간이 만든 카메라로는 신이 만든 대자연의 장관을 전할 수 없어 아쉽다.

휴게소에서 기름을 넣고 출발한 이후 아이들은 게임을 하면서 웃고 떠들다가 지쳐서 잠들기를 반복했고, 나는 아내와 교대로 고속도로를 달렸다.

어느새 캄캄해졌다. 스페인 고속도로의 밤하늘은 그야말로 넓은 캔버스

마드리드로 가는 고속도로

그 자체였다. 산이 없어 시야를 가리는 것 없는 광활한 어둠 속에서 별이 쏟아져 내릴 것 같은 착각이 들었다. 아이들도 말로 표현하기 어려운 감동을 받아 조그만 휴게소에 차를 잠깐 세웠다.

그 감동을 자아내는 장면을 남기기 위해 사진을 찍었지만, 고속도로에서 만난 일몰의 장관을 카메라에 담을 수 없었듯이 인간이 만든 카메라로는 도저히 밤하늘이 주는 그 감동을 담을 수가 없었다. 아이들은 귀국한 후에도 마드리드 고속도로에서 본 밤하늘 별 잔치는 잊을 수 없다고 이야기한다. 사진으로 남기지 못해서 아쉽지만, 오히려 그날의 감흥은 더 선명하게 남아 있다.

구글맵을 켜고 620km를 달려 마드리드의 숙소에 도착하니 밤 11시. 구글맵은 6시간 걸린다고 했는데, 실제로는 8시간 정도 걸린 것 같다. 아내는 아우디가 지금까지 빌린 차 중에 승차감이 제일 좋고 차를 몰기에도 편하다고 한다. 비가 오면 윈도우 브러쉬가 자동으로 감지하여 움직인다고 감탄한다. 형편이 되면 아우디를 한 대 뽑아줘야 할 텐데. 오늘처럼 오래 운전해 본적이 없었다. 처음 계획처럼 푸조를 리스하지 않기 잘 했다는 생각이 드는 밤이다. 좁은 차 안에서 긴 시간 다들 수고했다.

구엘 공원의 입장료는 8.5유로로, 관람 시간 08:30~18:30. 까사 바뜨요 맞은편에서 24번 버스를 타면 공원 앞에 하차. 기념품 샵은 가우디가 지은 모습 그대로이다.

백설공주가 사는 성

2017. 1. 17. (화)

세고비아 알카사르 – 세고비아 대성당 – 마드리드 마요르 광장 – 푸에르타 델 솔(또는 솔 광장)

세고비아 알카사르에서

오늘 첫 일정은 세고비아. 마드리드에서 60km 떨어진 곳이고, 백설공주가 사는 성의 모티브가 된 알카사르 성과 유네스코 세계문화유산으로 지정된 수도교로 유명한 곳. 꽃보다 할배에서 유명해진 새끼돼지구이 밥집이 있는 곳이다.

기타를 조금이라도 칠 줄 아는 사람에게 세고비아는 아주 유명한 기타이고, 나도 기타를 처음 배울 때 튕기던 기타가 세고비아였다. 그러나 세고비아에 세고비아 기타 박물관이라도 있을 것으로 생각하면 오산이다. 도시 세고비아와 기타 세고비아는 아무런 관계도 없고, 우연히 이름만 같다는 사실.

고속도로에 들어서자 그렇게 맑았던 하늘이 갑자기 둔갑술을 부리듯 앞이 보이지 않을 만큼 폭우가 내린다. 매일 배낭 속에 넣어 다니던 우산을 생각 없이 꺼내놓고 왔는데. 머피의 법칙인가. 파리의 베르사유 궁전에 갈 때 비를 처음 만났는데, 그 때도 잘 들고 다니던 우산을 놔두고 가는 바람에 우산을 두 개 산 적이 있다. 그렇지만 비오는 유럽의 풍경은 하나도 놓치기 싫은 여행자의 눈을 즐겁게 해주는 것 같다.

조심해서 운전하는데, 조금 더 가니 언제 그랬냐 싶게 맑은 하늘에 무지개가 떠서 우리를 반긴다. 마드리드 고속도로에서 우리에게 쏟아지던 별, 공주의 성 위에 떠서 우리를 환영해 주는 무지개까지. 뭔가 좋은 기운을 느끼게 해 주는 것 같다. 모두에게 좋은 일만 있기를.

세고비아에 도착하니 로마제국의 웅장한 수도교가 우리를 맞이한다. 직접 걸어 올라가 보면 경치가 더 좋다고 하지만, 눈으로만 감상하고 백설공주를 만나러 갔다. 차 한 대가 겨우 지나갈 만한 좁은 골목길을 지나 세고비아

세고비아 알카사르

알카사르에 도착. 입장료 5.5유로.

디즈니를 보고 자란 여자아이라면 누구나 어린 시절 공주를 꿈꿨을 것이다. 우리 영주도 공주였던 어린 시절 자신이 살았던 성에 도착하고부터 설레는 것 같다.

세고비아의 알카사르는 세계에서 가장 아름다운 성 10위에 들어갈 만큼 독특한 지붕 모양과 분위기가 일반적인 유럽의 성과는 다른 모습이다. 그렇지만 내부는 이슬람 스타일인데, 그 이유는 내부 공사를 맡은 사람들이 이슬람 사람이라서 그렇다는 어쩌면 당연한 사실. 스페인은 이슬람과 가톨릭이 교대로 다스린 곳이다 보니 두 문화가 혼합된 것이 많다.

스페인 국기가 펄럭이는 탑 위에서 아래를 내려다보면 눈에 들어오는 목가적인 마을 풍경이 압권이다. 특히 평원을 가로지르는 꼬불꼬불한 길은 영

세고비아 알카사르

세고비아 대성당

화 속에 나오는 장면 같아서 그 길을 차를 타고 달리고 싶은 마음이 들 만큼 아름다웠다. 세고비아의 알카사르 성은 스페인을 통일한 이사벨 1세가 카스티야의 여왕으로 즉위한 곳이기도 하고, 펠리페 2세의 결혼식이 거행되기도 했던 역사적인 의미가 깊은 곳이다.

세고비아 대성당으로 이동하려고 보니 주차해 놓은 차 유리에 불길한 쪽지 한 장. 주차위반 스티커. 우리나라 돈으로 10만 원. 기념품 가게에서 플라멩코 인형을 사서 기분 좋아하는 아내를 보고 얼른 주머니에 감춰버렸다. 사실 주변에 무인 유료주차장이 많지만, 차를 주차해놓고 걸어 다니기는 힘들 것 같아 최대한 성 가까이에 주차했는데, ZTL만 신경 썼더니 주차한 자리가 주차금지구역이었나 보다. 스페인어로만 된 표지판이라 주차금지구역인지 모르기도 했고. 2시간에 1.4유로만 내면 될 걸 범칙금이 100유로니까 70배나 내게 됐다.

바로 눈앞에 보이는 세고비아 대성당 입구를 겨우 찾았다. 입장료 3유로. 카테드랄의 귀부인이라는 별명처럼 굉장히 섬세하고 우아하면서 화려하고 웅장한 성당이다. 이제 여행도 중반을 넘어섰는데, 남은 여행에 신의 은총이 함께 해달라고 기도해본다. 성당의 부속 박물관에 유모의 실수로 떨어져 죽은 엔리케 2세 아들의 묘비가 있는 것으로 유명하다.

마요르는 영어로는 '주된'의 뜻을 가진 'major'를 의미하는데, 스페인의 도시들에는 마요르 광장이 중심부에 자리 잡고 있어서 과거 이곳에서 투우, 종교재판, 대관식 등의 행사를 거행했다. 우리는 세고비아의 마요르 광장보다 마드리드의 마요르 광장에 가서 점심을 먹기로 했다. 지하주차장에 익숙하게 주차하고 마요르 광장으로 올라갔다. 4층 건물이 광장의 4면을 둘러싸고 있는 마요르 광장 입구에 있는 레스토랑 '엘 소포르딸'이 있었다. 그 곳에서 빠에야와 치킨을 시켰다. 스페인식 볶음밥인 빠에야를 동주가 맛있게 잘 먹을 수 있어서 다행이다. 계산하는데 바게트가 1인당 2유로. 바게트는 지금까지 다른 식당에서는 공짜로 줬는데 마드리드 중심지라 그런지 비싸게 받는다.

마요르 광장에 나 있는 9개의 문을 통해 나가면 작은 골목들이 이어진다. 배불리 먹고 이 골목 저 골목을 쏘다니다가 인파로 붐비는 솔 광장으로 방향을 잡았다. 금성팀은 솔 광장에 있는 '망고 MANGO'와 '자라 ZARA' 매장의 바다로 달려갔다. 화성팀도 날도 춥고 해서 질세라 자라 매장으로 들어갔다. 금성팀 전문가가 한국 자라매장의 25% 가격이라고 한다. 연초 추가세일 중이라 5유로짜리 옷이 많다. 나도 입고 있는 패딩을 바꾸고 싶어 하나 샀는데, 올겨울에도 잘 입고 있다. 화성팀은 패딩과 신발 한 개씩, 금성팀은 옷과 옷, 그리고 또 옷과 신발을 제대로 쇼핑했다. 비상식량으로 가져간 라면 10개를 먹어치워 생긴 공간 말고는 캐리어에 쇼핑한 물건을 넣을 공간이 없다. 손가방 하나를 더 사야겠다.

귀국해서 보니 영주가 산 스텔레토 힐 구두가 어떻게 된 일인지 사이즈가 서로 달라 신을 수가 없었다. 한국 자라 매장은 마드리드 매장과는 전혀 관계없다고 하고, 마드리드 자라 매장은 메일을 보내 봐도 답이 없다. 이럴 때는 포기하는 게 유리한 법. 신발은 어떻게 처리했는지 모르겠다.

엘 소포르딸 레스토랑

솔 광장의 가게

저녁이 되니 솔 광장 주변 공사로 곳곳을 통제하고 있다. 구글맵으로는 나가는 길을 못 찾겠다. 몇 번 뺑뺑이 돌아보니 같은 자리. 이럴 때는 기계보다 직감이 더 낫다. 숙소로 돌아오니 11시. 숙소에 들어와 호기롭게 오랜만에 훌라 한판 하자고 했지만, 꿈나라에 들기까지 몇 분도 걸리지 않는다.

마요르 광장 오리구이

- 세고비아 알카사르 성 입장료 5.5유로, 오디오 3유로. 전망대에서 세고비아 경치 보기 추천.
- 스페인 곳곳에서 자라(ZARA) 매장을 볼 수 있지만 솔 광장 매장이 가장 크고 다양하고 저렴했다.

돈키호테의 도시 톨레도

2017. 1. 18. (수)

톨레도 – 말라가

톨레도 거리

마드리드에서 남쪽으로 1시간 거리인 톨레도를 거쳐 남부 안달루시아 지방 몇 곳을 사흘 코스로 갔다 올 계획이다. 말라가 해변, 알함브라 궁전이 있는 그라나다에 갔다가, 세비야로 가서 플라멩코를 보고, 다시 마드리드로 돌아오는 일정이다. 캐리어 하나에 필요한 짐을 챙기고 나머지는 호텔에 맡겨둔 채 돈키호테의 도시 톨레도로 향했다.

톨레도는 스페인의 옛 수도로서 로마, 이슬람, 유대, 가톨릭의 문화유산이 단위 면적당 가장 많이 남아있는 박물관이라고 한다. 도시 전체가 유네스코 세계문화유산으로 지정될 만큼 중세시대를 연상시키는데 좁은 도로에 여행객의 물결이 넘치는 도시이다.

소설『돈키호테』에서 돈키호테가 풍차를 향해 돌진하는 장면이 나오는 이유는 톨레도가 넓은 평원이기 때문에 바람이 많아 풍차가 많기 때문이란다. 우뚝 솟은 언덕 위에 톨레도의 성문이 보인다. 세르반테스의 소설 속 돈키호테가 로시난테를 타고 풍차를 향해 달리는 것처럼 우리도 아우디를 타고 성문을 향해 돌진했다. 우리의 로시난테는 일찌감치 주차장에 넣고, 박물관 도시를 걸으면서 느끼기로 했다.

톨레도의 제일 번화가인 소코도베르 광장 안내소에서 가이드북 한 권을 챙겨 나오니 살아있는 박물관의 도시와 어울리지 않는 맥도날드가 눈에 들어온다. 여행객들이 흘러가는 대로 골목으로 들어가니 자라 매장이 자리를 지키고 있다. 어제 보고 오늘 또 보니 반갑다.

우뚝 솟은 성당을 올려다보면서 여행객의 물결에 몸을 맡기고 걷다보니 미로 같은 골목 안에서 만나게 되는 하얀 얼굴의 톨레도 대성당. 지금은 마드

톨레도 거리 돈키호테와 동주

리드의 한적한 근교 도시에 불과하지만, 중세도시를 상징하는 건축물인 대성당이 있다는 것은 과거에는 톨레도가 번성한 도시였다는 것을 말해 준다. 레콘키스타 운동이 정점에 달했던 때부터 펠리페 2세가 수도를 마드리드로 옮기기 전까지 스페인의 수도였고, 스페인 통일 이후 남미의 식민지를 통해 들어오는 금은이 넘치게 되면서 톨레도는 황금시대를 구가한다. 톨레도가 금은 세공으로 유명해진 것도 이 때문이다.

톨레도의 정치적 위상은 위축되었지만, 톨레도 대성당은 대주교가 거주할 만큼 아직 그 위상이 높다. 성당 내부는 이슬람과 스페인의 양식이 혼합된 '무데하르 양식'이라고 하는데, 스페인을 대표하는 엘크레코와 고야의 유명한 작품으로 인해 곳곳에서 느껴지는 웅장함과 아름다움이 더 강조되는 것 같다. 무엇보다 톨레도 대성당에 있는 성체현시대는 180kg의 금과 2t의 은으로 만들었다고 한다. 계산을 해보니 그야말로 억 소리가 난다. 순금 한 돈의 무게는 3.75g. 1kg은 266.67돈. 한 돈에 20만 원이면 1kg는 5천3백3십만 원 가량이니까 180kg이면 96억!

바르셀로나에 있는 사그라다 파밀리아가 아직 공사 중인 영광의 파사드와 예수 탄생의 파사드, 수난의 파사드 세 부분으로 구성된 것처럼, 톨레도 대성당도 정면 왼쪽부터 지옥의 문, 면죄의 문, 심판의 문으로 구성되어 있다. 11유로의 입장료를 낸 사람들이 주로 들어가는 문은 면죄의 문. 면죄의 문으로 들어가기만 하면 지은 죄를 모두 용서받을 수 있다면 얼마나 좋을까.

교황 레오 10세는 성 피에트로 성당 건립비용을 마련하려고 종교개혁의 실마리가 되는 면죄부를 유럽 전역에서 발행한다. 당시에만 해도 성경이 라틴어로 되어 있어 보통 사람들이 그 내용을 알기 어려워 교황청에서 하는 말을

톨레도 거리(위) 미라도르 전망대에서 본 전경(아래)

무작정 따르다 보니 가톨릭이 부패할 수밖에 없었는데, 마틴 루터가 면죄부를 발행하는 것에 반박하는 대자보를 붙이게 되면서 교황청과 대립하게 된다.

교황청은 마틴 루터를 파문하고 신성로마제국 카를 5세에게 루터를 처단하라고 압력을 가하지만, 이미 루터의 지지자가 적지 않아 반란을 우려한 카를 5세는 그렇게 하지 못한다. 루터로 인해 가톨릭 보편세계는 무너지고 유럽의 역사가 바뀌게 되었는데, 21세기 톨레도 대성당의 가운데 문인 〈면죄의 문〉에서 아직도 면죄부를 팔고 있는 것을 보면 사람들은 지금이나 그때나 용서받고 싶은 죄를 많이 짓고 사는가 보다.

아몬드 가루와 달걀노른자를 넣고 구운 이슬람 과자인 '마자판'을 파는 가게가 나오면 이곳이 유대인 지구라는 것을 알 수 있다. 가게 앞에 앉아서 여행객들에게 반갑게 인사하는 돈키호테를 드디어 만난다. 기념품 가게마다 나무나 청동으로 된 돈키호테와 산초의 동상이 늘어서 있다.

스페인의 무적함대가 영국 해적들에게 회복 불능의 패배를 당하고 식민지였던 네덜란드가 독립을 하면서 스페인은 대서양에서 설 자리를 잃게 된다. 스페인의 화려한 시대가 막을 내리면서 군에서 정리 해고된 군인들과 하급귀족들은 일자리도 구하지 못하고 몰락하게 되었는데, 그러한 시대적 상황 속에서 탄생한 것이 바로 소설 『돈키호테』다. 이 소설은 시골 귀족 출신인 돈키호테라는 인물을 등장시켜 사회의 부조리와 부정부패를 풍자하고 있다. 세르반테스는 스페인의 셰익스피어라고 일컬어지는데, 이 두 사람은 모두 1616년 4월 23일 동시에 사망했고, 유네스코는 이날을 '세계 책의 날'로 지정하였다.

아랍인들은 톨레도를 떠났지만, 과거 철과 검 제작으로 유명했던 곳이라

상점마다 철제 검을 쇼윈도에 전시해놓고 어린 여행자들의 동심을 자극하고 있다. 그들의 금속공예 기술은 골목 곳곳의 가게마다 남아 있는데, 장인들이 금사와 금 조각을 촘촘히 새겨 넣는 것을 직접 보여주면서 여행객의 지갑을 열기 위해 노력한다.

〈총포 도검 화약류 등 단속법〉에서 정하는 도검은 반입이 금지되는데 칼날의 길이가 6cm 이상인 잭나이프와 칼날의 길이가 15cm 이상인 도검은 지방경찰청장의 허가를 받아야 통관할 수 있다는 것은 알아둘 필요가 있다. 검을 사달라는 화성 남자아이의 요구를 아이스크림으로 억지로 달래본다.

꼬마기차인 소코트램을 타는데 5유로. 우리는 로시난테를 타고 소코트램 뒤를 따라 톨레도 구시가지가 한눈에 내려다보이는 미라도르 전망대에서 인증사진을 찍고 톨레도와 이별하고자 한다. 도시를 휘감아 도는 타호강으로 둘러싸인 요새 도시 톨레도를 뒤로하고, 안달루시아 지방의 최남단 말라가로 핸들을 고쳐 잡았다.

대서양과 지중해가 만나고, 유럽과 아프리카를 잇는 지브롤터 해협에서 차로 1시간 남짓 거리에 있는 말라가는 안달루시아 지방의 관문으로 불린다. 구글맵으로 검색해보니 말라가까지는 서울에서 부산보다 조금 더 먼 478km. 말라가 해변은 '태양의 바닷가'라고 불리며, 북유럽의 추위에 지친 사람들에게 인기 있는 명소 중 하나라고 한다.

영주&동주가 알려주는 소소한 **Tip**

'스페인에서 단 하루를 머문다면, 톨레도로 가라.' 스페인 사람들이 여행객들에게 하는 말이다. 스페인 왕국의 수도로서 힘과 권력을 의미했던 칼, 창, 갑옷 등의 기념품을 추천한다.

톨레도 거리

자연은 후손들에게서 잠시 빌린 것

2017. 1. 19. (목)

말라가 대성당 – 말라게타 해변 – 알카사바 – 그라나다

말라가 대성당

말라가. 피카소가 태어나 어린 시절을 보낸 고향이자 유럽인들에게 꿈의 휴가지 1순위인 해안도시. 해운대 바닷가에 익숙한 필자에게 말라가는 알함브라 궁전을 보러 그라나다로 가기 전에 들른 곳일 뿐이라 시간을 아낀다고 차로 움직였는데, 마차를 타고 여유 있게 말라가를 구경하지 못한 것은 지금도 아쉽다.

호텔에서 조식을 여유롭게 먹고 체크아웃했다. 트렁크에 캐리어를 싣고 말라가 대성당으로 차를 몰았다. 성당 입구를 지키는 오렌지 나무가 주변과 잘 어울린다. 처음 설계할 때는 2개의 탑이 있었는데 자금 사정으로 남쪽 탑은 세우지 못하고 북쪽 탑만 세우는 바람에 스페인 사람들은 말라가 대성당을 '만키타'라고 부른다. 외팔이 여인이라는 뜻이라고 한다. 입장료 5유로.

한겨울의 말라게타 해변. 바다는 역시 여름이 제 맛. 운동하는 사람조차 보이지 않는 쓸쓸하고 고요한 태양의 해변 '코스타 델 솔'이다. 사람들은 보이지 않지만, 해운대 바다처럼 분위기 있는 레스토랑이 즐비하다. 그렇지만 지중해 바람에 파도가 부서지는 말라가의 겨울 해변도 운치가 있다. 고층 건물이 바다를 막아버리고 무분별한 개발이 되기 전 해운대의 옛 모습을 간직하고 있어 오랜 친구를 만난 것처럼 반갑다. 자연은 후손들에게서 잠시 빌려와 쓰고 있는 것이라고 하는데 일부 정치인의 건축 비리로 얼룩진 엘시티 LCT가 점령해버린 해운대 바닷가를 생각하면 가슴이 먹먹하다. 해변에서 자동차 컨버터를 이용해 라면을 끓여 먹으려다 컨버터에 문제가 생겨 맛집으로 보이는 레스토랑으로 들어갔다. 말라가도 휴양도시라 그런지 주차하기가 어려운데, 레스토랑 앞은 점심시간에 무료로 주차할 수 있는 착한 구역이라 마음에 든다. 해운대구에서 점심시간 두 시간 동안은 주차여건을 감안해서 주

말라게타 해변과 식당

차단속을 탄력적으로 하고 있는 것과 비슷하다. 누가 원조이고 누가 벤치마킹 한 걸까?

오늘의 추천요리인 주방장 특선 돼지고기와 참치 요리로 늦은 점심을 먹었다. 맛도 좋고 양도 충분해서 다들 잘 먹는다. 40유로. 식당 주인도 동주가 귀여운지 계속 장난을 건다. 요리도 맛있고, 식당 주인도 친절한 데다 젊은 직원이 영어를 잘 해서 편하게 음식을 주문할 수 있었다. 스페인에서는 처음 만난 마음 편한 식당이다.

알카사바는 아랍어로 '성' 또는 '요새'라는 뜻인데, 말라가에 있는 알카사바의 입구는 현대식 터널을 지나 엘리베이터를 타고 올라가게 되어 있다. 엘리베이터 문이 열리면 알카사바로 바로 들어가게 된다. 드라마 〈도깨비〉에서 공유가 문을 열면 곧바로 캐나다의 퀘벡이 나오듯이, 문 하나를 사이에 두고 고대와 현대가 만나게 되는 경험을 하게 된다. 입장료 5.6유로. 내일은 알함브라 궁전에 갈 예정인데, 이곳 알카사바와 알함브라 궁전은 흡사 같은 사람이 만든 것처럼 비슷한 연못과 분수가 있는 이슬람식 정원이다.

알함브라 궁전이 있는 그라나다로 방향을 잡았다. 그라나다로 가는 길에 차창 밖을 내다보니, 저 멀리 시에라네바다 산맥의 만년설이 길게 이어져 있다. 구글맵으로 검색해보니 말라가에서 그라나다까지는 1시간 30분 거리.

스페인의 마지막 이슬람 왕국인 나스르 왕조의 수도였던 그라나다. 스페인 역사에서 큰 의미를 차지하는 도시이기도 하고, 스페인의 전설적인 기타리스트 '타레가'의 연주곡 〈알함브라 궁전의 추억〉 때문에 꼭 한번 와보고 싶었던 곳이다. 떨리듯이 연주하는 트레몰로와 애잔한 선율로 유명한 클래식

알카사바

기타곡이 절로 흥얼거려진다.

　예약해놓은 숙소로 가는 길은 차가 다니기에는 너무 좁고 꼬불꼬불하면서 울퉁불퉁한 일방통행 길이다. 중세도시를 차로 다니는 기분이 든다. 혹시나 하는 마음에 전화를 걸어보니 길은 맞다. 겨우 도착해보니 호텔이 아니고 일본인이 하는 민박. 앱에 올라온 숙소 사진에는 풀장이 있어서 호텔인줄 알았는데 또 속았다. 골목입구에 주차를 하고 캐리어를 끌고 가는데 길바닥 자갈에 캐리어바퀴가 부서지는 줄 알았다. 게다가 계단까지. 바르셀로나에서는 하루 숙박비를 손해보고 숙소를 옮겼는데 여기는 하루 숙박이라 다행이다.

　숙소 바로 앞에 오래된 궁전이 보여서 이름이 뭐냐고 물어보니 아람브라라고 대수롭지 않게 이야기한다. 우리가 가려고 하는 알함브라하고 이름이 비슷한 궁인가보다 했다. 알고 보니 우리가 묵었던 숙소가 알함브라 궁전에서 내려다보면 바로 보이는 알바이신 지구에 있는 숙소였고, 우리가 바라보던 궁전이 바로 알함브라 궁전이었다는 것을 귀국하고 나서 한 참이 지난 후에야 알았다. 전 날 숙소에서 편하게 야경을 감상하던 궁전이 바로 그 궁전이었던 것이다. 여행은 아는 만큼 보인다.

스페인

- 겨울 시즌 스페인 남쪽지역 여행은 비추.
- 말라케타 해변은 6~8월 여름철 유럽인에게 인기 있는 휴양지이다.

플라멩코는 집시어로 '멋지다'는 뜻

2017. 1. 20. (금)

알함브라 궁전 – 세비야

알함브라 궁전 군사 요새 알카사바

알함브라 궁전을 관람하기 위해 일찍부터 서둘렀다. 알함브라 공원 주차장에 차를 주차하고 매표소에 갔더니 초등학생인 동주는 무료. 알함브라 궁전 예매 사이트가 스페인어로만 되어 있어 전날 집주인에게 예매를 부탁하면서 초등학생이 있다고 말을 했는데, 21유로짜리 종일 관람권 4장을 다 예매했던 것이다.

숙소도 마음에 들지 않았는데, 티켓도 너무 무성의하게 예매했다. 민박에서 내놓은 조식은 여행객을 고려하지 않고 구색만 갖춘, 이번 여행 중 제일 빈약한 메뉴였다. 이드림 eDreams에서 예약을 했는데 조식 때문에라도 앞으로 민박은 고려 대상에서 제외해야겠다.

영주가 동주 여권을 보여주면서 매표소에서 한 장을 환불을 해달라고 했는데 영어가 통하지 않는다. 스페인은 영어 소통이 힘들다고 하더니. 영주가 표를 사러 온 가족으로 보이는 외국인에게 자초지종을 설명하고 표를 6유로 싸게 팔겠다고 하니 거래가 이루어졌다. 우리 영주가 어디 가도 굶어 죽지는 않겠다는 사실을 눈으로 확인한 순간이다.

스페인에서 암표 장사를 한 영주에게 수고비로 10유로 주고, 누나의 버팀목 역할을 한 동주에게도 5유로 주는 바람에 15유로가 공중분해 됐지만, 기분 좋다. 다음에 알함브라에 다시 가게 된다면 재미있었던 추억이 될 것 같다.

북아프리카의 아랍계 무어인들이 가톨릭 국가인 스페인을 정복하고 약 700년을 통치했지만, 그들의 종교적 신념에 따른 금욕과 절제는 점점 퇴색되고 부패하게 되었고, 점점 힘이 약해져 이베리아 북부의 가톨릭에 의해 밀려나다가 그라나다에서 마지막 항복을 하게 된다.

알함브라 궁전 입구(위) 헤네랄리페 정원(아래)

알함브라 궁전은 군사 요새인 알카사바, 카를로스 5세 궁전, 나스르 궁전, 헤네랄리페 정원으로 되어 있는데 카를로스 5세 궁전은 내가 보기에도 알함브라 궁전에 어울리지 않는 뜬금없는 분위기의 건물이다. 가톨릭이 그라나다에서 이슬람을 몰아낸 것을 기념해서 이슬람 양식의 궁전에 지어 올린 르네상스 양식이기 때문이다. 외부의 생뚱맞은 모습과는 달리 내부는 넓은 원형으로 이루어진 회랑이 멋지다. 날씨가 너무 추워 1층 매점에서 언 몸을 녹여 본다.

왕의 거주지인 나스르 궁전은 시간을 따로 예약해야 해서 12시에 예약하고, 군사 요새인 알카사바 궁전부터 관람했다. 아랍어로 알 Al은 영어의 정관사 the와 같다. 그래서 알 카사바는 그냥 성 The castle이라는 뜻. 오디오 가이드 빌리는데 6유로나 달라고 한다. 한 개만 빌렸다.

망루에 올라서면 아랍인들의 마을인 알바이신 지구가 내려다보이고, 저 멀리 시에라네바다산의 만년설이 보인다. 예약한 시간이 되어 나스르 궁전에 입장했다. 처음 만나는 아라야네스 정원은 사진으로 많이 봐서인지 친근하게 느껴진다. 맞은편 아치와 하늘이 파티오에 있는 연못에 들어가 있다. 조금 걸어 들어가면 '라이온의 파티오'라고 불리는 12마리의 사자가 떠받치고 있는 분수가 나오는데, 하필 공사 중이다.

헤네랄리페 입구에 야외 행사장 벤치가 있어 잠시 아픈 다리를 쉬어본다. 키 큰 나무들의 호위를 양쪽으로 받으며 100m쯤 걸어 들어가면 드디어 헤네랄리페의 안뜰을 만날 수 있다. 멀리 시에라네바다의 만년설이 녹은 물이 양쪽 분수에서 물줄기가 되어 연못에 떨어진다는 헤네랄리페의 안뜰. 길게 늘

알함브라 궁전의 헤네랄리페 정원

어선 분수에서 포물선을 그리며 끊어질 듯 떨어지는 물소리가 타레가를 만나 트레몰로 소리를 내게 된 것이구나. 물소리가 이렇게 아름다운 것이었구나.

〈알함브라 궁전의 추억〉은 달빛이 드리운 궁전의 아름다운 모습과 분수에서 떨어지는 물방울 소리를 들으면서 작곡가 타레가가 구애를 거절당한 아픔을 달래며 곡을 만들었다고 한다. 그 정도로 알함브라 궁전의 야경이 멋지다고 알려져 있다. 다음 일정 때문에 그 야경을 볼 수 없어 아쉽다. 숙소에서 예약해 준 티켓은 야경도 볼 수 있는 비싼 티켓인데. 귀국하고 나서 한참 있다가 알고는 허탈하게 웃고 말았는데, 전 날 묵었던 숙소에서 멋지다고 감탄하며 봤던 궁전이 바로 알함브라 궁전이었던 것이다. 궁전 안 야경을 보지 못한 것이 새삼 못내 아쉽다.

플라멩코의 원조는 그라나다의 사크로몬테 언덕 동굴에 모여 사는 집시들이라고 한다. 지금은 동굴을 주점으로 개조해서 여행객들에게 공연을 보여준다고 한다. 알함브라 궁전을 구경하려고 그라나다에 온 김에 원조 플라멩코 공연을 보고 세비야로 넘어갈까 고민했지만, 너무 늦어지면 숙박도 그렇고 해서 좀 더 세련되고 화려한 세비야의 플라멩코를 보기로 했다. 세비야에 가면 플라멩코 외에 투우도 봐야 하는데, 아쉽게도 투우는 봄하고 가을에만 볼 수 있어서 우리는 다음을 기약할 수밖에.

구글맵을 켜고 그라나다에서 2시간 30분 떨어진 세비야로 출발했다. 스페인의 국토회복 운동이라 할 수 있는 레콩키스타에 밀려 이슬람 세력이 마지막까지 버티던 곳이 그라나다이다. 그래서인지 그라나다는 아랍 왕국의 흔적이 많이 남아있는데 반해, 세비야는 이슬람이 지배했던 같은 안달루시아 지역이라 하더라도 스페인 문화와 뒤섞여 열정적이고 경쾌한 도시라고 한다.

세비야에서 투우와 플라멩코가 성행하는 이유일 것이다.

　조식도 부실하고 알함브라 궁전 구경하느라 점심도 못 먹어서 아이들이 배고파한다. 스페인의 고속도로 휴게소에 있는 레스토랑 음식이 우리나라 휴게소 음식보다 나은 것 같다. 고속도로 식당에서 만찬을 벌였다. 유럽의 겨울은 해가 짧아 어두워져서야 세비야에 도착했다.

　호텔에 짐을 풀고 플라멩코 잘하는 곳을 소개받고 택시를 탔다. 타블라오. 유명한 곳인지 택시 기사가 공연장 바로 앞에 차를 세워준다. 시간이 남아 기념품도 구경하고 수제 와인도 한 병 사면서 세비야 사람들의 열정을 느껴본다.

타블라오 플라멩코 공연장 앞에서

플라멩코 공연장 앞에 미리 와서 줄을 서서 기다리는데 젊은 커플이 말을 건다. 꽃보다 할배에 나온 곳이라서 한국 사람들에게 유명한 곳이라고. 제대로 찾아온 것이다. 그러나 막상 기대와는 달리 내부가 그렇게 넓지 않고 허름한 식당 한구석에 춤추기에는 좁아 보이는 조그만 무대를 만들어 놓은 것이 전부였다.

하기야 원래 플라멩코가 스페인으로 넘어온 집시들이 길거리나 잔치가 열리는 곳에서 하던 길거리 공연이기 때문에 당연한지도 모르겠다. 그렇지만, 플라멩코를 일종의 탭댄스 정도라고 생각한 것과 달리 세비야 댄서들의 정열적이고 현란하면서도 절도 있는 무대는 왠지 차원이 달라 보였다. 깊은 내면의 한을 품은 우리 선조들의 곡조를 듣는 것처럼 듣는 이의 가슴을 아리게 하고 안타깝게 만든다.

좁은 무대 위에 악기라고는 달랑 기타 두 대밖에 없지만, 다양한 리듬으로 손뼉을 치는 가수들의 애절한 사랑 노래가 기타 리듬과 함께 어우러진다. 흔히 플라멩코는 남에게 보여주기 위한 춤이 아니라 추지 않고는 견딜 수 없는 자신을 위한 춤이라고 한다. 동주가 그 말뜻을 이해하는지 모르겠지만, 가슴 깊은 곳에서 뿜어져 나오는 애절함을 느낄 수는 있으리라. 플라멩코는 집시의 말로 '멋지다'는 뜻인데, 정말 멋지다.

알함브라 궁전은 3개월 전에 예매하면 좋다. 나스르 궁전 예약은 도착 시간보다 넉넉하게 잡아야 한다. 알함브라 궁전 전체 투어 티켓은 14유로, 야경까지 즐기려면 21유로. 만 12세 미만의 학생은 무료. 입장시간은 08:30~18:00, 4~10월은 08:30~20:00 이다. 매주 월요일은 휴관이다.

범칙금은 언제나 아깝다

2017. 1. 21. (토)

세비야 – 산티아고 베르나베우 스타디움(레알 마드리드 경기장)

레알 마드리드 경기장

세비야에는 콜럼버스의 묘가 있는데, 세비야 대성당 안에 4명의 왕이 그 관을 메고 있다. 콜럼버스는 스페인 사람이 아니라 이탈리아 제노아 사람인데, 이곳 세비야에 콜럼버스의 묘가 있는 이유는 이사벨 여왕의 도움을 받아 신항로를 개척하려고 떠난 콜럼버스의 배들이 세비야에서 떠났고, 이후 세비야가 식민지로부터 금을 비롯한 온갖 물자를 들여오는 항구역할을 하게 되면서 세비야의 황금시대를 열었기 때문이라고 한다.

당시 세비야는 식민지에서 약탈한 온갖 금은보화로 온 도시가 흥청망청했을 것이고, 한몫 잡으려는 온갖 종류의 인간이 다 모인 인간 시장이었을 것이다. 비제의 오페라 〈카르멘〉은 돈 후안이 집시 여인 카르멘과 만나 사랑에 빠졌으나, '팜프 파탈'이었던 카르멘이 자기 욕망을 위해 다른 사람과 사랑에 빠진 것을 알고 그녀를 죽여버리는 내용인데, 당시 세비야의 세태를 알수 있다.

세비야 대성당으로 차를 몰았다. 세비야 대성당도 프랑스의 노트르담 성당과 같이 도시의 수호신인 성모 마리아에게 봉헌한 성당으로 산타마리아 성당으로 불린다.

조식이 제공되지 않는 호텔이라 유럽 여행 중 처음으로 호텔 조식을 이용하지 않고 성당 근처에서 현지 음식을 사 먹기로 했다. 여행하면서 이동하거나 구경하다 보면 점심시간을 놓치기 예사여서 그동안 아이들에게 아침을 든든하게 챙겨 먹였다. 덕분에 그동안 식사 때문에 일정을 조정할 필요가 없었다. 골목길을 지나는데 차가 꽉 끼어버릴 것 같은 느낌이 들 정도로 길이 너무 좁다. 사고가 나면 차 문을 열고 밖으로 나가지도 못할 것 같다. 주차할 곳이 마땅치 않아 세비야 대성당은 밖에서만 바라보고 마드리드로 돌아간다. 오늘 마드리드에서 열리는 레알 마드리드와 말라가의 경기를 예약해놨는데, 마드리드까지는 서울–부산보다 더 멀어서 마음이 급하다.

차를 타고 일찌감치 고속도로로 접어들었다. 구글맵으로 검색하니 마드
리드까지 540km. 오후 4시 10분 경기가 시작하기 전에 도착하려면 속도를
내야 한다. 경기가 벌어지는 마드리드의 산티아고 베르나베우 스타디움을 목
적지로 정하고 구글맵을 믿고 달렸다. 금강산도 식후경. 고속도로 휴게소에
서 아침 겸 점심을 간단하게 사 먹고 차를 몰았다.

까르푸에서

바르셀로나에서는 FC바르셀로나 대 라스팔마스의 경기를 봤으니 마드리드에서는 호나우두가 활약하는 레알 마드리드 경기도 보여주고 싶었다. 축구 선수들의 숨소리도 들릴 만큼 가까운 곳에서 경기를 보도록 했다. 비아고고 닷컴 Viagogo.com에서 예약했는데 티켓은 1인당 130유로. 푯값만 우리 돈으로 65만 원. 수수료도 84유로나 된다. 표는 금방 매진되기 때문에 예약하지 않으면 현장에서는 구매할 엄두도 낼 수 없다는 말에 예약을 하지 않을 수 없었다. 자리가 좋은 만큼 푯값이 너무 비싸 아이들 표 2장만 예약했다. 그래도 축구 경기 입장권이 45만 원.

아이들이 시합을 보는 동안 아내와 나는 까르푸에서 오늘 저녁에 해 먹을 음식 재료들을 쇼핑하고 경기가 끝날 때쯤 경기장 앞에서 아이들을 기다렸다. 호나우두가 출전한 경기를 바로 앞에서 현장감 있게 봐서 너무 좋아한다.

'메시가 나온 FC바르셀로나 경기는 좌석이 멀어서 경기장의 긴장감만 느꼈다면, 호나우두가 나오는 레알 마드리드 경기는 운동장 바로 앞이라 그 현장감은 말로 할 수 없을 정도다. 손만 뻗으면 잡힐 것 같은 바로 눈앞에서 호나우두가 땀 냄새를 풍기며 왔을 때는 기회를 놓칠세라 연속촬영을 했다. 호나우두를 이렇게 가까이에서 직접 보는 날이 올 줄 꿈에도 생각 못 했는데 흥분되는 경험이었다'고 영주는 말한다. 바르셀로나에서는 FC바르셀로나의 팬이 되어 리오넬 메시를 응원하고, 오늘은 레알 마드리드의 팬이 되어 등 번호 7번 호나우두를 열심히 응원했단다.

2대1로 마드리드가 이겼다. 축구경기가 끝난 경기장 앞은 조그만 트럼펫 모양의 악기를 불어대는 사람들로 거의 축제 분위기다. 레알 마드리드 모자와 배너 수건을 10유로에 파는데, 어른 아이 할 것 없이 불티나게 팔린다. 우

호나우두와 레알 마드리드 경기장

리 아이들도 기념으로 하나씩 사고 현장에서 인증사진 찰칵!

오늘 일정은 이것으로 마무리하려고 한다. 숙소로 돌아와 오늘 쇼핑한 스페인 라면, 와인, 과일로 만찬을 즐겼다. 딸기를 좋아하는 영주는 유럽에서 먹어본 딸기 맛을 지금도 잊을 수 없다고 한다.

귀국하고 시차 적응이 되어갈 때쯤, 스페인에서 날아온 한 통의 메일. 오늘 마드리드에 오는 고속도로에서 과속범칙금이 발부되었다는 것. 차를 빌릴 때 결제했던 카드로 범칙금을 계산할 거라는 내용. 마음이 급해서 조금 밟긴 했지만, 범칙금은 언제나 아깝다.

1월 21일 오후 1시 57분. 177km. Via A-4 고속도로.

세비야에서 마드리드로 오는 고속도로 이름이 Via A-4라는 것도 알았다. 유럽 여행을 하는 동안 2번 과속 스티커를 받았는데 마드리드 경기에 늦지 않으려고 과속을 했던 모양이다.

영주&동주가 알려주는 소소한 Tip

스페인 대표 마트 까르푸 영업시간은 월~토요일 10:00~22:00. 일요일은 공식적으로 휴무이지만 대부분 영업을 한다. 3~10유로 가격에 와인을 즐길 수 있고, 한국에서 유명한 캡슐커피도 3.29 유로로 한국보다 저렴. 과일도 저렴하니 걱정 말고 유럽 과일을 즐길 것.

스페인에서의 마지막 날

2017. 1. 22. (일)

엘 라스트로 벼룩시장 – 산 미구엘 시장 – 마드리드 왕궁

엘 라스트로 벼룩시장

마드리드의 벼룩시장 엘 라스트로. 마요르 광장에서 500m 거리에 있는 카스코로 광장을 중심으로 일요일마다 골목골목 벼룩시장이 선다. 유럽의 벼룩시장 문화를 아이들에게 꼭 보여주고 싶어서 아침 일찍 차를 몰았다.

여행 일정을 짤 때 중요한 것은 요일에 따라서 하는 곳과 하지 않는 곳을 꼼꼼히 챙겨야 한다는 것. 일정이 맞지 않아 갈 수 없다든지, 아니면 어렵게 찾아간 곳이 휴관이라도 하게 되면 김이 빠지고, 여행 일정이 엉클어져 여행 효율이 급격하게 떨어지기 때문이다.

파리 베르사유 궁전은 월요일 휴관이라는 사실을 알면서도, 찾아간 그날이 월요일이라는 사실을 깜빡하는 바람에 프랑스 전체 일정이 틀어지고 시간과 돈이 더 들었다. 스페인 일정을 짤 때는 일요일마다 개장하는 엘 라스트로 벼룩시장을 구경하려고 일요일을 마드리드 일정에 넣었다.

벼룩시장은 구경하러 나온 사람들로 발 디딜 틈이 없다. 와글와글하는 소리가 눈에 보이는 것 같다. 잠시 걸음을 멈추고 구경하기도 어렵다. 맘을 먹고 몸을 틀어야 겨우 설 수 있다. 장신구, 가방, 옷, 액세서리, 미술품 등 없는 것이 없다. 양가죽, 소가죽인데도 5유로밖에 하지 않는 지갑이 마음에 드는지 각자 한 개씩 득템. 영주는 털을 넣어 만든 가방걸이를 지금도 가방에 걸고 다닌다. 가격을 비교해보고 여인의 머리를 땋아올려 꽃을 꽂을 수 있도록 만든 모양의 화병이 마음에 들어 좀 더 저렴한 집에서 화병도 하나 샀다. 깨지 않고 가지고 갈 수 있을지 모르겠다. 내일 프랑스 파리 가는 비행기를 아직 예약하지 못해 시장 한쪽에서 스마트폰으로 조금이라도 더 싼 항공권을 찾아본다.

산 미구엘 시장과 까나페

마요르 광장은 이제 익숙하다. 지하주차장에 주차하고 산 미구엘 시장에 가서 점심을 사 먹으려고 한다. 마요르 광장에 나 있는 아홉 개의 문 중에서 동쪽으로 나가면 산 미구엘 시장이 나온다. 시장 건물이 통유리로 되어 있어 시장 안이 훤히 들여다보인다. 백화점의 푸드 코트처럼 깔끔한 분위기지만, 줄을 설 수 없을 정도로 사람이 너무 많아 체면을 차리고 있다가는 주문을 할 수가 없다. 영주가 요령 있게 까나페를 종류별로 사 왔다.

까나페는 스페인에서 크래커 위에 치즈나 멸치 등의 재료를 올려서 한입에 먹을 수 있게 만든 요리를 말한다. 한 개 1유로. 앉아서 먹을 데는 없다. 과일 주스는 먹음직스럽게 보이는 것과는 달리 맛은 그저 그랬다. 그러고 보니 유럽 음식이 별로 입에 맞지 않아 빠에야 말고는 힘들어했던 동주 덕분에 이번 여행은 맛집 순례보다는 볼거리 순례를 많이 할 수 있었던 것 같다.

걸어서 5분 거리인 마드리드 왕궁으로 향했다. 입장료 10유로. 별것도 없는데 비싸서 안에는 들어가지 않기로 했다. 와인 잔으로 음악을 연주하는 버스커가 있다. 신기해서 신청곡을 말했더니 즉석 연주도 해 준다. 유리잔의 청량한 음색이 너무 좋았다. 알고보니 아내가 TV에서 본 적이 있을 정도로 유명한 사람이었다.

왕궁 왼쪽에서는 또 한 명의 거리예술가가 여행자들의 피로를 바이올린으로 풀어준다. 영화 타이타닉에서 배가 침몰할 때 현악 4중주로 연주했던 〈Nearer My God to Thee〉를 신청했더니 즉석에서 동주만을 위해 연주해 주었다. 거리 예술가가 지친 여행자에게 주는 위로에 조그만 보상은 필수.

마드리드 왕궁 앞 동주를 위한 연주

천천히 걸어서 마요르 광장으로 다시 들어가면 펠리페 3세의 동상이 그 자리에서 우리를 반갑게 맞아준다. 오늘은 10일에 걸친 스페인 일정의 마지막 날이다. 바르셀로나와 마드리드를 베이스캠프로 정하고, 마드리드 인근 세고비아와 톨레도를 각각 하루 코스로 갔다 오고, 안달루시아 지역인 스페인 남부 말라가, 그라나다, 세비야를 갔다가 마드리드에서 스페인 일정을 마감하는 날이다. 스페인에 온 김에 포르투갈의 파티마를 가보고 싶었는데 일정상 포기해야 해서 다음을 기약해 본다.

오늘이 스페인 마지막 날이다. 여행자의 마음이 갑자기 바빠진다. 마요르 광장으로 난 골목들을 다니며 익숙한 것들과 작별인사를 하면서 못 본 것이 없는지 하나라도 더 눈에 담아본다.

스페인

마지막 여정과 귀국, 그 후

다시 파리로

2017. 1. 23. (월)

마드리드 국제공항 – 체코 프라하 공항 – 샤를드골 국제공항 – 숙소

마드리드 공항

엘 라스트로 벼룩시장에서 파리행 비행기를 결정하지 못하고 호텔에 들어와서 계속 검색하는데 트립닷컴 Trip.com 앱에 50유로짜리 비행기 4좌석이 올라왔다. 바로 예약하려는 잠깐 사이에 놓쳐버렸다. 3유심은 무제한 데이터를 쓸 수 있지만, 3G이기 때문에 속도가 많이 느리다 보니 급하게 해야 할 때는 생각보다 불편하다. 우리 가족을 파리에 200유로 정도만 받고 태워줄 비행기를 찾다 보니 벌써 새벽 1시 30분.

이제는 시간이 갈수록 저렴한 것은 아예 없어지고 오히려 제값을 다 내야한다. 프라이스라인 Priceline에 올라온 체코 프라하를 경유하는 체코항공 12시 20분 비행기가 522유로로 현재로서는 제일 저렴하다. 속이 쓰리지만 예약했다. 1인당 티켓 가격은 28유로인데 세금이 102유로나 된다. 배보다 배꼽이 더 크다. 바닥에서 사려다가 꼭지에서 사게 됐다. 여행을 하다 보면 이런일은 비일비재한 법. 잊어버리고 나도 잠깐 눈을 붙여본다.

체코 항공의 수하물 규정이 까다롭다고 해서 캐리어를 싸면서 신경을 많이 썼다. 탑승하려고 하는데 메고 있는 배낭이 규격보다 커 보인다고 틀 안에 넣어보라고 한다. 수하물 비용을 부과하는 건수가 실적인지 승무원들의 친절한 미소는 찾아보기 어렵고 마치 범인을 찾는 탐정의 눈빛이다. 체코 항공 티켓은 싸게 산 것도 아닌데 비지떡이었다.

계획에 없던 체코까지 왔다. 수하물을 연결 비행기로 옮겨주지 않아 우리가 직접 옮겨야 한다. 기왕 왔으니 체코 공항도 구경하고 음식이라도 먹어보고 가야겠다. 잠시 경유하는 정도였지만, 체코 땅을 밟을 수 있어서 좋았다는 영주.

체코 공항 식당에서

귀국한 후에 카드 결제명세서를 보고 웃지 않을 수 없었다. 공항 음식점에서 연달아 두 번 같은 금액을 결제해 버린 것이다. 우리나라 같으면 결제가 됐다고 문자가 들어와서 알았을 건데. 얼마 되지 않는 돈 때문에 체코에 연락할 수도 없고.

다시 파리로 돌아왔다. 샤를드골 국제공항은 오늘도 짙은 스모그에 갇혀 있다. 이런 곳에 사는 사람들 폐는 괜찮은지 모르겠다. 짧지만 불꽃 같은 삶을 살았다고 하는 전혜린은 자신이 유럽을 그리워한다면 안개와 가스등 때문이라고 한 말이 생각난다. 이곳 파리 샤를드골 국제공항의 짙은 안개가 오랫동안 잊고 있던 전혜린의 안개로 되살아났다. 박인환의 「목마와 숙녀」를 속으로 읊조려 본다. 영국의 여류 소설가 버지니아 울프의 죽음을 통해 인생의 허무를 노래한 이 시를 나와 동년배들은 한때 좋아한 적이 있었다. 요절한 전혜린이 박인환의 시에서 목마를 타고 떠난 숙녀로 되살아나 일면식도 없던 전혜린의 죽음을 안타까워한 적도 있었고. 짙은 안개는 인생무상 삶의 회의로 고민했던 나의 젊은 시절로 들어가게 해주는 도깨비 문이었구나.

호텔에서 운영하는 셔틀을 타고 안개 속에 숨어있는 호텔에 도착했다. 내가 예약을 하면서 엑스트라 베드를 요청하지 않은 모양이다. 침대 두 개를 붙여서 잘 수밖에 없다. 항상 예기치 않은 일이 발생하는 것이 여행의 묘미 아니던가. 침대 3개에 4인 가족. 충분했다.
오랜만에 카드를 꺼내 홀라를 쳤다. 그동안 일정에 쫓기다 보니 여행을 시작하면서 파리에서 한 번 해 보고는 그 이후로 자주 꺼내보지 못했는데, 이제 마음에 여유가 좀 생긴 모양이다. 아이들이 홀라를 치면서 박장대소하며

수하물을 기다리는 동주

떠들다 보니 옆방에서 시끄러웠나 보다. 방문을 두드리고 지나가는 소리에 아이들은 재미있다고 더 깔깔대며 웃는다. 여기 사람들은 총을 들고 다니니까 조용히 하라고 했더니 동주는 갑자기 무서워진 모양이다.

파리 재입성을 축하하는 만찬을 열기로 했다. 호텔 근처에 큰 마트는 없고 조그만 구멍가게에서 과일과 먹을 것을 사와야 하는데 안개가 자욱하다 보니 동네가 약간 괴기스러운 분위기인데도, 아빠를 따라나선 동주는 아무 걱정이 안 되는 모양이다. 나도 아버지 손을 잡으면 세상에 무서운 것이 없던 시절이 있었다.

내 기억에 아버지를 실망시킨 적이 두 번 있었는데 아버지는 한 번도 역정이나 혼을 내시지 않았다. 한번은 1983년 육군사관학교를 그만두고 낙향했을 때. 부모님 세대에게 육군사관학교에 다니는 아들은 자랑거리였고, 주변의 부러움을 사던 시절이었다. 자랑이던 아들이 육사를 갑자기 그만두자 얼마나 낙담하셨던지. 내가 이제 그때 아버지 나이가 되어보니 아버지 마음이 어떠했을지 짐작이 가서 죄스러운 마음이 더하다.

두 번째는 2006년 지방선거에 출마했을 때. 아들이 당선되리라 마음속으로 확신하셨던지 낙선이라는 결과를 도저히 믿을 수 없다는 듯 크게 실망하신 아버지 모습을 결코 잊을 수 없다.

4년 후에 재도전하여 1등으로 당선되었지만, 아버지께서는 당선을 기다리지 못하셨다. 당선증을 보시고 얼마나 기분 좋아 하셨을지 하는 아쉬움에 많이 울었던 기억이 난다.

사랑한다 아들아, 내 아버지가 나를 사랑하신 것처럼. 기다려주마 아들아, 내 아버지가 나를 기다려주신 것처럼.

귀국 하루 전의 나들이

2017. 1. 24. (화)

몽쥬약국 – 라퐁텐 레스토랑 – 쁘렝땅 백화점

몽쥬약국 앞에서

집으로 돌아가는 비행기 티켓의 날짜가 딱 하루 남았다. 내일 오후 1시 10분 귀국 비행기에 몸을 실으면 기내식 세 번 먹고 자다가 깨다가 하면 모레 오전 8시 인천 공항에 도착해 있을 것이다. 우리 가족의 보호자이자 가족 여행의 가이드로서 역할을 잘 해낼 수 있을지 걱정했는데, 긴 여정을 큰일 없이 마무리할 수 있게 되어서 다행이다.

스마트폰 하나로 항공편과 숙소를 예약하고 렌터카에 구글맵을 켜고 길을 찾고 맛집을 찾으며 좌충우돌해 온 시간이 주마등처럼 떠오른다. 개인적으로는 낯선 이국에서 맞이하는 서투름과 어색함을 통해 오랜 세월 잊고 있었던 팽팽한 긴장감을 느낄 수 있었고, 그래서 되풀이되는 일상을 다시 한번 치열하게 살아갈 힘을 얻게 되었다고 생각한다.

자기 나라를 떠나보면 누구나 애국자가 된다는 말을 실감한다. 한 달이 채 되지 않는 여행이 끝나고 집으로 돌아간다는 사실만으로도 여행을 떠나올 때만큼이나 가슴이 설렌다.

파리에 처음 도착한 다음 날이 생각난다. 샹젤리제 거리에서 벌어진 축제의 한 가운데에서 각종 퍼포먼스와 먹거리를 즐겼다. 전혀 예상하지 못했던 축제의 열기는 낯선 도시인 파리에 겨울 여행을 하러 온 여행자들의 움츠러진 어깨를 활짝 펴게 만들어 주었다.

이제 여행 일정도 다 끝났다. 아쉽게도 가보지 못했던 곳은 언제일지 모르지만, 다음을 기약해야 한다. 일정에 크게 얽매이지는 않았지만, 겨울의 유럽은 낮이 짧아서 시간에 쫓기면서 여러 곳을 돌아다니다 보니 감동은 갈수록 약해지고, 일정상 빼먹고 지나가야 하는 것에 대한 아쉬운 마음도 덜해

가족들을 위한 선물

지는 것 같다. 이제 정말 돌아갈 때가 되었나 보다.

아이들은 귀국하자마자 돼지국밥, 낙지볶음, 김치찌개를 빨리 먹고 싶다고 한다. 자라면서 익숙했던 한국 음식과 헤어지고 치즈, 하몽 등 기름지고 느끼한 서양음식을 입에 맞지 않아도 참고 먹었을 뿐 한 달이라는 시간은 아이들이 적응하기에는 음식문화의 갭을 메우기에 턱없이 짧은 시간이다. 카투사로 군 생활하며 매 끼니 먹어야했던 기름진 식사는 짬밥을 먹는 현역들에게는 부러움의 대상이 되기도 했지만, 그야말로 고역이었고, 김치볶음밥을 먹는 것이 로망이었던 시절도 있었다. 신토불이 아닌가.

귀국 비행기를 편하게 타려고 샤를드골 국제공항 근처 숙소를 이용했는데, 여행 기간 중 조식이 포함되지 않은 두 번째 호텔이다. 조식은 사 먹어야 한다. 9유로.

귀국 하루 전. 오늘 첫 일정은 몽쥬약국 쇼핑이다. 원래 계획은 가족 여행 피날레로 미카엘 대천사의 계시로 세웠다는 바다 위 수도원 몽생미셸을 하루 코스로 다녀오는 것이었다. 여행 일정을 짤 때 꼼꼼하게 챙기지 못하는 바람에 베르사유 궁전을 허탕 치고 반나절을 허비하는 바람에 몽생미셸 코스를 날려버린 것이다. 아쉽다. 아이들과 함께 가보고 싶었는데.

몽쥬약국은 프랑스에 오는 한국 사람은 반드시 화장품을 사러 들리는 곳이고, 얼마 전 르 몽드와 뉴욕 타임스에 기사화될 만큼 세계적으로도 널리 알려진 필수 쇼핑코스. 한국에서 온 패키지 여행팀이 그야말로 싹쓸이를 했

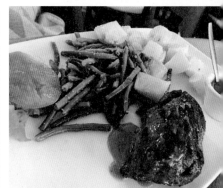

레스토랑 라퐁텐(위) 쁘렝땅 백화점 안내문(아래 좌) 쁘렝땅 백화점 거리(아래 우)

는지 너나 할 것 없이 양손 가득 무거운 비닐봉지를 들고나온다.

우리 집 금성팀은 가족들 선물을 몽쥬에서 몇 개 사기로 했는데 조금밖에 담지 않았는데도 쇼핑 금액 358유로. 우리 돈 45만 원. 몽쥬약국은 귀국하기 전에 세금을 환급받을 수 있는데, 이것도 몽쥬약국이 유명해진 이유 중의 하나가 아닐까 생각해 본다. 영주는 올리브영 할인 기간보다 더 저렴하고 한국인 직원이 있어서 편하게 살 수 있어 좋았다고 한다.

기분 좋은 쇼핑 끝에는 기분 좋은 식사를 해야 제격. 몽쥬약국에서 나와 골목으로 5분만 걸어 들어가면 한국 여행객들에게 입소문이 나서 유명해진 레스토랑 라퐁텐이 있다. 달팽이요리 에스카르고를 먹을 수 있는 곳. 프랑스에 왔으면 에스카르고를 한번은 먹어야 프랑스에 왔다고 말할 수 있지 않을까. 73유로. 비싼 만큼 가족의 식사 만족도가 높아 가성비는 괜찮은 것 같다.

영주는 달팽이 요리 비주얼이 징그러워 어떻게 먹을지 걱정했는데 생각보다 괜찮았고 소스가 맛있어서 잘 먹었다고 한다.

몽쥬약국에서 지하철로 22분 거리인 쁘렝땅 백화점으로 가서 윈도우쇼핑을 하기로 했다. 몽쥬역에서 지하철 7호선을 타고 오페라 역에서 내려 3호선으로 갈아타고 아브아 코마틴역에서 내려 1분 정도 걸으면 백화점이 나온다. 백화점 입구에는 한글이 영어보다 위에 있는 안내문이 걸려 있다. 우리나라 여행객들이 쁘렝땅의 매상에 큰 기여를 하는가보다. 조만간 중국어가 한글보다 위에 있는 안내문이 나오겠네.

여행 마지막 밤 가족파티

피렌체의 더몰에서도 쁘렝땅 백화점에서도 중국인들이 명품을 싹쓸이하고 있고, 한국에서 온 패키지 여행팀도 이에 질세라 가이드의 주머니를 열심히 채워주고 있는 것을 보면 재미있다. 스위스 '팍스타운'에서 일찌감치 마음에 드는 물건을 챙긴 덕분에 우리 금성팀은 마음 편하게 윈도우 쇼핑을 하고 있다.

　　금성팀이 윈도우 쇼핑을 하는 동안 화성팀은 쁘렝땅 주변의 거리를 걷기로 했다. 쁘렝땅과 골목 하나를 사이에 두고 있는 백화점은 라파예트 백화점. 쁘렝땅의 육교 밑으로 걸어 들어가면 성당이 있다. 생 루이 성당. 이 비싼 땅에 아직 성당이 버티고 있는 것이 저들의 저력인지도 모르겠다.

- 몽쥬약국은 7호선 몽주역 Place monge역 1번 출구 앞에 위치. 일요일 휴무, 월~토요일은 08:00~23:00 영업. 176유로 이상 구매하면 드골 공항에서 15% 택스리펀도 받을 수 있다.
- 몽쥬약국에서는 저렴한 가격의 물건도 좋지만 한국에 드문 제품에 도전해볼 것을 추천.

가족이라는 한울타리에서

2017. 1. 25. (수)

샤를드골 국제공항에서 출발

한국으로 출발

오늘 귀국한다.

2016년 12월 30일 새벽, 부산에서 출발하여 시작한 여행이 우리나라 시간 2017년 1월 26일 김포에 도착하면 끝나게 된다. 연말과 새해를 가족과 함께 외국에서 보낸 한 달 조금 안 되는 긴 여행을 이제 끝내려고 한다.

우리는 여행자가 되어 프랑스 파리에서 새해를 보내고, 그리스 로마 신화의 본고장 그리스와 이탈리아를 거쳐 스페인을 지나 이제 집으로 간다. 그동안 배낭을 등에 메고 4개국의 유서 깊은 장소, 미술작품이 가득한 성당과 박물관, 특색 있는 각국의 소품들, 이국적인 기념품에 눈이 팔려 사진을 찍으면서 바쁘게 다녔다. 여행자들과 달리 자기 삶의 터전에서 치열하게 일상을 살아가는 이곳 사람들처럼 나도 이제 귀국하면 다시 반복되는 일상 속에서 치열하게 살게 될 것이다.

가족이라는 한 울타리 속에서 함께 살고 있다고 생각했다. 겨우 한 달밖에 되지 않는 시간이지만, 함께 다니고, 함께 식사하고, 함께 잠을 자면서 얼굴을 맞대고 생활한 것이 처음이라는 사실에 놀랐다. 이번 여행이 우리 가족이 서로 더 사랑할 수 있는 계기가 되었기를 소망한다.

공항에서 세금 환급절차를 먼저 끝내고 수하물을 보내려고 했더니 에어프랑스는 수하물을 셀프 체크인 기계를 이용해서 보낸다고 한다. 한글 기능도 없고 기계가 말을 잘 안 듣는다. 나도 한때는 얼리어답터였는데, 세월이 무상하다. 승무원한테 부탁하니 등에 메고 있던 배낭까지 비닐로 포장해서 수하물로 보내 준다. 에어프랑스는 1인당 캐리어를 1개씩 보낼 수 있는데 그동안 저가항공만 타다보니 수하물 비용 때문에 배낭을 습관적으로 기내에 가져

가려고 했던 것이다. 저가항공사와 달리 직원들이 친절하다.

인천에 도착하면 김포로 가서 김해 공항으로 가야 하는데 인천에서 김포까지 짐을 옮겨주는지 갑자기 궁금해졌다. 물어봤더니 당연히 옮겨준다고 한다.

이제 비행기만 타면 된다. 샤를드골 국제공항에서 시작한 유럽 4개국 여행을 샤를드골 국제공항에서 끝내려고 하니 왠지 이곳이 정겹게 느껴진다. 여행객의 시선으로 바라보는 유럽은 한국처럼 바쁘게 지내는 것 같지 않아서 좋았다는 영주. 영주야, 부디 치열하지만 여유로운 생을 살기 바란다. 그동안 티켓팅을 도맡아 하느라 수고 많았다. 사랑한다.

여행 동안 모은 동주의 스냅백

마지막까지 긴장을

2017. 1. 26. (목)

부산도착

부산 도착

처음 여행을 출발할 때와 마찬가지로 기내식을 세 번 먹고 자다가 깨다가 하니 인천 공항에 도착했다. 시차는 파리가 서울보다 8시간 늦고, 비행 시간은 12시간 정도 걸렸다. 한국은 26일 오전 8시. 파리는 25일 밤 12시.

승무원들이 들고 있는 피켓에는 김포로 가는 승객은 수하물을 찾아야 한다고 한다. 혹시나 해서 드골 공항에서 수하물 연결을 물어본 것이었는데 역시나인 것이다. 파리에서 들어오는 비행기는 세관에서 전수조사를 하면서 입국수속을 해서 시간이 많이 지체되었다. 김포에서 수하물을 다시 보내야 해서 생각보다 시간이 너무 빠듯했다. 연결 비행기는 3시간 후인 11시 비행기라서 시간 여유가 있다고 생각했는데 마지막까지 긴장을 늦추지 못하게 한다.

김해 공항에는 반가운 얼굴이 우리를 집에까지 데려다주려고 기다리고 있다. 부디 복 많이 받기를. 귀국하자마자 아이들이 먹고 싶다고 했던 돼지국밥, 낙지볶음, 김치찌개 중 돼지국밥을 먼저 먹기로 했다. 짐을 풀기도 전에 돼지국밥으로 그동안 유럽음식의 느끼함을 씻어냈다. 돼지국밥도 기름기가 둥둥 뜨는 식사인데 느끼함은 전혀 없다.

그 후

2017. 2. 7. (화)

일상으로 돌아와 느닷없이 유럽의 렌터카회사에서 날아온 메일 한 통.

EUROPCAR. IMPORTANT INFORMATION ABOUT TRAFFIC TICKET

no-reply@europcar.com
나에게 ▾

文A 영어 ▾ > 한국어 ▾ 메일 번역

------ This is an automatically generated e-mail, please do not reply ------

Dear Customer, on 17/01/2017 12:35:00 we have received Traffic Ticket No. 2017(
SIN COLOCAR DISTINTIVO O ESTACIONADO EN EXCESO SOBRE EL TIEMP(
as the principal driver of the vehicle with number plate 9629JKB.

Pursuant to the provisions of the Road Safety Act (Spanish Royal Legislative Decr
of â,¬40.37 in Peninsula and Balearic Islands or â,¬35.70 in Canaries shall be cha
concept of Management of Traffic Tickets (fines) Fee. This charge shall accrue for
the rental agreement.

Please note that in order to be exempted from this charge of Management of Traffi
protection against Administrative Traffic Offences and Limited Reimbursements of

In addition, we want to remind you that pursuant to Article 12 of the general condit
penalty or any other amount incurred against any third party, but it shall be entitled
claiming such amounts.

1월 17일 과속 범칙금 안내 메일

여행 후기

영주가 따로 쓴
쪽지 여행기

파리 - 개선문

2013년 유럽여행에서는 개선문 앞 인증샷만 남겼다면, 2017년 여행에서는 미리 구매한 파리패스로 개선문 전망대에 올라갔다. 계단은 생각보다 많았다. 날씨가 흐린 게 흠이었지만 샹젤리제 거리와 저 멀리 있는 에펠탑을 보는 순간 여행이 시작된 기분이 들었다. 안개 낀 에펠탑과 샹젤리제 거리는 그곳만의 분위기를 가지고 있었다. 유럽 곳곳에서 개선문을 발견할 수 있지만, 특히, 파리의 개선문 규모는 압도적이다. 그 모습을 사진으로만 느끼기엔 부족할 정도다. 개선문 앞에서 꼬맹이가 되어보길 바란다.

파리- 에펠탑

누군가는 한 번도 가기 힘들다는 에펠탑에 두 번이나 다녀왔다. 한낮에 들판에 앉아 보는 풍경에 저절로 힐링이 되고 밤에 반짝이는 에펠탑은 낮의 철탑과는 완전히 다른 매력으로 화려함을 보인다. 두 번의 여행에서 에펠탑을 아쉽게 바라만 봤다면, 다음에는 직접 올라가서 한 끼 식사에 도전해보고 싶다. 에펠탑에서 파리의 모습을 한눈에 보면서 하는 식사는 시도해볼 만한 가치가 있다고 생각한다.

그리스 - 포세이돈 신전

아크로폴리스를 시작으로 제우스 신전과 해가 저물기 직전에 도착했던 포세이돈 신전 중에 최고의 감동은 포세이돈 신전이었다. 규모를 비교하자면 초라할 정도로 작다. 거센 바닷바람에 기둥은 뒤틀리고 점점 무너지고 있다. 언뜻 보면 초라해 보일 수 있지만, 석양과 어우러진 포세이돈 신전의 모습은 저절로 신에게 기도하게 했다. 신전의 모습이 조금이라도 더 남아 있을 때 가족들과 신전 앞에 올 수 있어서 너무 감사했다. 바람은 몸이 휘청일 정도로 거세게 불었지만, 신전이 꿋꿋이 버텨내는 모습에 해가 지고 어두워졌음에도 떠나기 싫었다.

그리스 - 원데이 크루즈 섬 투어

하루에 섬 3곳을 둘러보는 투어는 적극 추천이다. 사실, 그리스 하면 산토리니를 먼저 떠올릴 테지만 다른 섬들도 그 섬들만의 매력을 뽐낸다. 배가 작아서 생각보다 뱃멀미가 심했다. 섬에서 바라보는 하늘과 바다는 경계선을 알 수 없을 정도로 그 색이 맑고, 섬은 조용해서 저절로 힐링되는 기분이었다. 그리스의 하늘은 유화 그림 속의 푸른 하늘이다. 산토리니에만 집중하지 말고, 다양한 섬이 있으니 곳곳을 둘러보길 바란다.

그리스 - 델피의 저주

❄ 그리스는 따뜻한 나라라고만 생각했는데, 델피 신전으로 가는 길은 온통 눈이다. 더 가면 길이 없을 것 같은 불안감을 줄 정도였다. 부산사람에게 눈 구경은 드문 일이다. 눈발이 거세지고, 갈수록 이상한 곳으로 가는 것 같고, 내비게이션도 정신을 못 차렸다. 그런데 길을 잃을 수 있다는 걱정보다 눈앞에 보이는 눈이 너무 반가웠다. 그런 맘을 아빠가 알았던 것일까? 잠시 옆에 차를 세웠고, 동주와 나는 짧은 시간이었지만 눈을 밟아보았다. 세상에! 종아리까지 눈에 푹 들어간다. 건너편에선 외국인 부자가 눈사람을 만든다. 우리 가족은 눈사람을 만드는 대신 격렬한 눈싸움을 하고 다시 델피 신전으로 향했다. 결국, 폐장시간 30분을 넘겨버려 델피 신전에는 들어가지 못했다. 하지만 데르피산에서의 눈싸움은 오랫동안 우리 가족에게 추억으로 남을 것 같다. 여행 중이라서 웃고 즐길 수 있었던 것일지도 모르지만, 델피의 저주로 길을 잃었을 때, 우리는 웃는 법을 배운 것 같다. 여행을 하다 보면 인생을 배운다고 한다. 우리 가족 모두가 인생에서 잠시 길을 잃어도 델피의 저주를 생각하면서 웃고, 앞으로 나아갈 수 있게 되길 바란다.

밀라노 두오모 - 미사

✝ 베르사유 허탕을 제외하고는 이번 여행에서 우리가 계획한 일정은 순탄하게 흘렀고, 뜻밖의 행운도 있었다. 밀라노 두오모를 둘러보다가 입구가 2개인 것을 알아차렸다. 그날은 미사가 있는 날이라서 여행객을 위한 입구와 미사 보는 사람들을 위한 입구가 달랐다. 이런 기회를 놓칠 수 없어서 들어가려고 했는데, 성당 입구를 지키는 군인들이 우리를 의심의 눈초리로 쳐다보았다. '관광객인데 미사를 본다니?'라고 생각했던 것 같다. 그 순간 밀라노에 거주하는 한국인 여성분을

만났고, 그분의 한두 마디 설명에 군인들은 우리를 통과시켰다. 사진은 절대 금지였다. 밀라노 두오모에는 몇 유로를 넣으면 초를 올리고 소원을 빌 수 있는 곳이 있었다. 하지만 미사 보는 곳으로 직행. 좁았고, 사람들은 20명 전후였다. 신부님의 강론은 한마디로 알아듣지 못했지만, 밀라노 두오모에서 미사를 본다는 사실만으로 가슴이 벅찼다. 수없이 보던 미사였지만 그 날은 긴장과 흥분감이 가득한 시간이었다. 노트르담 대성당에서도 1월 1일에 미사를 드렸었는데, 성당을 다니는 우리 가족에겐 특별한 경험이 아닐 수 없었다.

사그라다 파밀리아

2013년 8월. 처음에는 사그라다 파밀리아를 보려고 아무리 고개를 들어도 끝이 보이지 않았다. 안팎으로 화려하고 정교했다. 성경의 한 구절이 한국어로도 번역되어 있어 뿌듯하기도 했다. 사실 두 번째 방문이라서 감동이 덜 할 거로 생각했다. 4년 뒤에 다시 본 모습은 더 화려해지고 압도적인 규모를 자랑하고 있었다. 2020년에 완공 예정이라고 한다. 사실 사그라다 파밀리아가 완공된 상태라고 해도 믿을 정도로 이미 완벽하다. 세계인들이 2020년의 완공된 모습을 기대하고 있을 것이다. 얼마 남지 않은 더 화려하고 정교해진 모습을 가족들과 다시 볼 수 있기를 바라본다.

스페인 - 별빛 하늘

주차가 번거롭고 주차요금에 대한 부담은 있지만, 매번 버스와 지하철을 갈아타지 않아도 돼서 렌트하길 잘했다는 생각을 했다. 스페인의 고속도로를 달리기 전까진 이게 다였다. 사실 차를 렌트해서 여행을 다닌 것은 이번이 처음이었다. 차 안에서 가족들과 끝말잇기와 초성 게임을 하다 지쳐 잠들었는데 눈을 떠보니 밤이었다. 금방이라도 쏟아질 것 같은 별들은 그야말로 촘촘하게 박힌 다이아몬드 같아서 훔치고 싶게 만들었다. 한국 시골에서도 별을 셀 수는 있었는데, 스페인 고속도로 위의 밤하늘은 일부러 별을 모아둔 것 같았다. 바로 동주를 깨웠는데, 동주도 감동 어린 눈빛으로 바라봤다. 사진으로 남기려고 했지만 담아지지 않았고, 아쉬운 대로 아빠는 주유소에 차를 주차한 후 오렌지와 사과를 깎아주면서 조금이라도 더 별을 감상하게 해줬다. 사진에 담아 오지 못한 대신 눈으로 담아 와서 기억에는 더 오래 남을 것 같다.

빠에야

여행 내내 조식에서 빵이 빠지지 않았고, 햄은 짜서 현지 음식에 동주가 적응을 잘 못 했다. 파스타를 좋아하던 동주는 유럽여행을 한껏 기대했는데, 막상 유럽식 파스타는 소스가 없고, 면이 딱딱했다. 아빠가 걱정을 많이 했는데, 람블라스 거리의 맛집 '라폰다'에서 동주가 빠에야를 폭풍 흡입하는 모습을 보고 아빠는 만족스러운 웃음을 지으셨다. 이후부터 빠에야가 메뉴에 있다면 바로 주문했다. 한국에도 빠에야가 있다. 한국에 돌아와서는 맛있는 음식이 많은지 빠에야 얘기는 하지 않지만, 유럽여행에서 만난 빠에야는 동주의 구세주이다.

FC바르셀로나 - 호나우두

사실 축구에는 큰 관심이 없지만, 호나우두 팬이었다. 살면서 내가 호나우두를 실제로 볼 날이 있을까? 하고 막연하게 생각했었다. 동주와 나에게 좋은 자리를 예매해준 아빠에게 다시 감사를 전한다. 거짓말 좀 보태면 호나우두의 땀방울이 보일 정도로 가까운 자리였다. 알지도 못하는 응원가를 동주와 따라 불러보기도 하고, 호나우두 발 움직임 하나도 놓치지 않으려고 열심히 눈을 굴렸다. 그러다가 호나우두가 우리에게 조금이라도 더 가까이 오면 카메라 셔터를 마구 눌렀다. 덕분에 옆자리 외국인이 웃으면서 나를 쳐다봤다. 하지만 기회는 지금 뿐, 호나우두를 내 폰에 담을 생각으로 가득했다. 소원성취를 한 기분이었고, 경기를 마치고 나와서 엄마, 아빠를 만나고 나서도 흥분이 가시질 않았다. 이 글을 쓰는 순간에도 경기장에서의 흥분이 다시 떠오른다. 오랫동안 간직할 추억이다.

마드리드 벼룩시장

 패키지여행은 짧은 시간에 최대한 많은 유명 관광지를 둘러보는 것을 목표로 한다. 루브르 박물관에 다녀왔다고 말할 수 있도록 말이다.

사실, 다녀온 것이지 즐긴 것이라고 말할 수는 없다고 생각한다. 여행은 박물관과 미술관을 둘러보고, 유명 건축물 앞에서 인증샷을 찍는 것도 중요하지만 그 나라의 정서와 문화를 즐기고 배우면서 현지 사람들과 어우러져 보는 경험이 중요하다고 생각한다. 그런 점에서 자유여행은 현지인들과 부딪힐 일이 많다. 벼룩시장은 그 나라의 문화와 정서를 그대로 느껴보기에 충분했다. 한국과는 확실히 다른 사람들의 태도와 물건들은 우리를 감동시켰다. 사람이 너무 많아 정신이 없고 말도 제대로 통하지 않았지만 상인에게 가격 흥정도 해보고 농담도 던져보았다.

우리나라에서는 비싸게 팔 물건을 여기서는 질도 좋은데 10유로도 안하는 가격에 살 수 있고, 한국에서 사는 게 나을 법한 물건들도 있었다. 벼룩시장이라서 골동품들이 많았는데, 살 생각은 없었지만 골동품에서 유럽의 향을 느낄 수 있어서 구경하는 것만으로도 좋았다. 동주와 나는 양가죽 지갑을 한 개씩 건졌다.

파리 호텔에서

엑스트라 베드를 추가하지 않아서 베드 3개를 붙여서 4명이 자야 했다. 각자의 방에서 침대를 혼자 쓰는데 익숙한 동주와 나였지만 침대가 좁다고 불평하지 않았고, 좁다고 느끼지도 못했다. 이게 바로 여행의 힘인 것 같기도 하고 한 달이라는 시간 동안 가족들이 더 가까워진 덕이기도 하다.

나의 모든 것이었던 발레와 프랑스의 기억

2017년 1월에 떠난 여행으로부터 벌써 1년이란 시간이 지났다. 다시 생각해봐도 즐거웠던 가족여행이다.

프랑스의 역사적인 장소와 화려한 유럽의 도시, 절경이었던 그리스의 해안도로와 포세이돈 신전에서 본 멋진 노을, 그리스 섬 투어. 이탈리아 휴게소에서 느낀 즐거움과 로마의 역사 그리고 스페인 각 마을이 보여준 색다른 풍경과 즐거움. 그 중에서 프랑스에서 받은 감동이 가장 컸다.

그 이유는 어린 시절 함께 했던 발레의 발상지에 와 있다는 벅찬 기분을 느꼈고, 많은 예술품에 취해 나의 뇌와 가슴이 기쁨으로 가득 충만함을 느꼈기 때문이다.

베르사유 궁전에서 태양왕 루이 14세가 자신을 뽐내기 위해 추었을 춤들과 륄리의 음악들이 떠올랐다. 영화 〈왕의 춤〉 속의 장면들이 베르사유 궁전에서 겹쳐보였고, 파리오페라극장에서는 수많은 발레리나들의 모습이 투영되었다. 그래서 발레의 발상지에서 내가 걷고, 보고, 느낀다는 행복감에 취할 수 있었다.

사진으로만 느껴야 했던 예술 작품들을 생생하게 눈에 담을 수 있는 것만으로도 프랑스 여행은 유럽 일정을 더욱 가치 있게 만들었다. 시스티나 성당의 천지창조와 최후의 심판에서 느낀 감동은 다양한 코스 요리로 만족한 후 맛보는 달콤한 디저트처럼 감동의 완성이었고, 그 여운은 1년이 흐른 지금도 가슴 속에서 꿈틀댄다.

- 곽현미

우리 가족은 또 떠날 것이다!

여행에 대한 설렘과 동시에 한 달이라는 시간 동안 타지에서 가족들과 잘 해낼 수 있을까 하는 걱정이 있었다. 막상 유럽에 도착해서 뭐가 그렇게 신이 나는지 달리는 차 안에서는 끝말잇기와 초성 게임을 하면서 깔깔거리다가 잠들고, 다시 정신을 차리면 또 웃기 바빴다. 밤에는 고스톱과 훌라를 치면서 우리의 마지막 힘까지 쓰고 깊은 잠에 빠졌다.

한집에 살면서도 하루에 얼굴을 보고 대화하는 시간은 고작 몇 분이다. 이번 여행 기간 동안 눈을 뜨는 순간부터 삼시 세끼를 같이 먹고, 보고 즐기면서 다시 눈을 감는 순간까지 온전히 하루를 가족들과 함께할 수 있었다는 것에 최고의 만족감을 느낀다. 사실, 델피의 저주뿐만 아니라 호텔을 찾거나 유명 관광지를 찾으면서 자주 길을 헤매기도 했지만, 그것조차 즐거울 수 있는 여행이었다. 많은 시간과 돈이 들기 때문에 대부분의 사람이 가족 여행을 떠나는 것에 부담을 느낄 것이다. 하지만 그 여행에서 가족의 새로운 모습을 발견하고 한 걸음 더 다가갈 기회와 가족의 사랑을 느끼는 시간이 될 것이다. 인간은 추억을 먹고 사는 동물이라고 한다. 우리 가족에게 지난 28일간의 유럽여행이 힘든 시기가 닥칠 때 꺼내볼 수 있는 추억이 됐으면 한다. 이번 여행이 마지막이 아니다. 우리 가족은 또 떠날 것이다!

– 이영주

추천의 글

4인의 가족이 28일간 유럽 여행을 한다는 것은 예사로운 일이 아니다. 그것도 여행사가 주관하는 패키지여행도 아니고 초등학생, 대학생, 교사 주부와 직장인 가장이 각자 역할을 분담하여 배낭여행을 한다는 것은 많은 부담과 어려움을 각오하고 감행한 일이다. 어지간한 사람은 엄두도 내기 어려운 일이다. 이분들의 28일간의 유럽 가족 여행기를 읽고 그 용기와 가족애, 인내력, 문제 극복능력에 감탄했다. 낯선 땅에서 언어, 음식, 잠자리, 기후, 교통 등 애로 사항이 한 둘이 아니고 돌발상황과 어려움도 많았을 것이다. 그래도 굴하지 않고 인내와 이해와 협동으로 극복하며 여행의 묘미와 보람을 성취하며 큰 탈 없이 돌아온 이야기는 여느 여행기 이상의 재미와 감동의 의미를 읽을 수 있었다.

　　서문에서는 4인 가족이 자유여행을 선택한 이유를 "가족 여행은 여행의 과정을 즐기는 것이 더 의미 있다고 생각했다"라고 했다. 여행 일정을 스스로 짜고 역할을 분담하여 떠나는 과정에서 보람과 감동이 더해지고 적극적인 참여 정신과 문제해결력이 높아진다.

　　이명원 가족이 낯선 땅, 낯선 사회에서 직접 부딪히며 보고 듣고 느끼고 생각하며 함께 문제를 해결하고 적응해간 28일간 유럽체험 여행은 생생한 체험교육, 협동교육, 가족교육의 과정이었다. 거기에는 어려움과 갈등, 고통도 있었겠지만 가족의 의미, 가족의 정, 가족의 고마움도 넘쳤고 진솔한 감정이 드러나는 단면에서는 따뜻한 가족애와 순수한 착한 마음이 새싹처럼 꽃봉오리처럼 피어 부러움도 주었다. 꾸밈없이 펼친 이 여행기는 실감, 실정과 긴장감을 이어가며 재미를 준다. 존재의 의미, 삶의 지혜도 많이 담겼다. 여행에서 지식과 교양을 넓히고 즐거움을 얻는 재미도 있지만 문제해결력, 삶의 지혜, 삶의 태도를 높이는 여행은 더한 가치가 있다. 이 가족 여행기는 앞으로 자녀들의 교육문제를 생각하며 가족 여행을 하고자 하는 분들에게 좋은 안내서가 될 것으로 생각된다.

– 부산교육대학교 명예교수, 시조시인 주강식

온 가족과 함께 유럽여행. 누구나 한번은 꿈꿔보는 일이다. 하루가 다르게 커가는 아이들을 보며 더 늦기 전에 온 가족이 장기간의 여행을 떠난다는 것은 큰 용기가 필요함과 동시에 도전과 시행착오, 갈등과 감동을 함께 경험할 수 있는 일이다. 늦은 나이에 다시 공부를 시작하여 박사학위를 받은 금성팀 엄마 곽현미 선생님은 도전과 시련, 그리고 그것을 극복하는 모습을 이미 가족들에게 보여주었으며 이번 여행에도 많은 영향을 주었으리라 생각된다. 이 책은 가족들과 함께 도전하고 경험할 수 있는 가치 있는 행위를 주저하는 사람들에게 용기를 줄 것이다.

— 울산대학교 이한준 교수

방학 전 동주가 가족이 함께 유럽 여행을 간다고 했을 때 '참 좋겠다. 가족이 함께 같은 추억을 공유한다는 것은 오랫동안 마음이 따뜻해지는 멋진 경험이 되겠다'라는 생각을 했다.

유럽으로 간 가족 여행은 순수하고 착한 마음을 가진 동주가 살면서 외롭거나 힘들 때 그 시간을 회상하면서 이겨낼 수 있는 큰 힘이 되리라 믿는다. 이 책을 읽으면서 여러분이 가지고 있는 가족 여행의 기억을 떠올려 보는 것도 좋을 것 같다.

— 동주 5학년 담임 김지희 선생님

영주는 리액션의 여왕이다. 그만큼 자신의 감정을 잘 숨기지 못하고 솔직하고 거침없다. 본심을 감추고 사는 사람이 많은 가운데 그녀 같은 사람은 흔하지 않다. 똑 부러지면서도 사람을 잘 믿는 순수한 사람이다. 또한, 그녀만큼 아버지를 존경하고 사랑하는 사람은 없을 것이다. 그녀가 아버지 이야기를 할 때면 눈이 반짝이고 표정이 밝아진다. 아버지가 살아온 인생을 진심으로 존경하며 자랑스럽게 여기는 딸이다. 이 책을 읽는 모든 독자는 나처럼 이들을 부러워하게 될 것이다. 가정적이며 늘 조언을 아끼지 않는 든든한 아버지와 그런 아버지를 믿고 사랑하는 딸의 모습을.

– 영주 친구 박지수

영주는 학생 시절부터 마냥 솔직하고 배려심 많은 편안한 친구이다.

힘든 일이 있으면 더 의지가 되고 누구보다 힘이 되는 나무 같은 친구이다. 가끔 소심한 모습도 있지만 그만큼 친구와 가족을 대하는 마음이 더 세심하고 깊다. 가족 여행 중에도 그녀의 세심함과 깊은 배려가 가족들에게 전해졌으리라 생각한다. 책을 읽는 독자들도 그녀에게서 때론 솔직하고 거침없는, 하지만 따뜻한 감정을 느낄 수 있을 것이다.

– 영주 친구 류원경

내 친구 영주는 가끔 내가 무심하게 내뱉었던 말을 세세히 기억해서 감동을 주는 친구이다. 친구의 일이라면 자기 일처럼 생각하고 다 들어주고 나서 조언도 할 줄 아는 센스쟁이. 직설적인 조언 속에 숨은 그녀의 속마음을 친구들은 잘 안다.그리고 우리 또래의 친구들을 보면 연애나 취업 등의 이유로 가족들에게 소홀하기 마련인데 늘 가족과 함께하고 친구들과도 좋은 관계를 유지하는 모습을 보면 내 친구지만 정말 멋지다! 가족들을 사랑하고 정이 많은 내 친구가 다녀왔던 여행은 그녀처럼 정겹고 진솔하다.

– 영주 친구 김수진

이명원 가족의
28일간 유럽여행

발행일 2018년 3월 12일

지은이 이명원 곽현미 이영주 이동주

디자인 이노그램디자인

인 쇄 까치원색

펴낸곳 빨간집

등록번호 2015년 11월 9일 (제2015-000013호)

주 소 부산시 동래구 쇠미로 221번길 44-3 2층

전 화 070-7309-1947

이메일 rhousebooks@gmail.com

정 가 15,000원

ISBN 979-11-959720-3-6 (03980)

* 이 도서의 국립중앙도서관 출판시도서목록(CIP)은 서지정보유통지원시스템 홈페이지(seoji.nl.go.kr)와
국가자료공동목록시스템(www.nl.go.kr/kolisnet)에서 이용하실 수 있습니다. (CIP제어번호 : CIP2018007209)